Innovative Cold Dish

时尚创意菜点系列丛书

时尚创意冷菜

主　　编　史红根

副 主 编　陶宗虎　蒋云翀

南京旅游职业学院
菜点开发与创新科研团队

东南大学出版社

图书在版编目(CIP)数据

时尚创意冷菜 / 史红根主编 . —南京：东南大学
出版社，2017.12(2024.2重印)
　ISBN 978-7-5641-7525-2

　Ⅰ. ①时… Ⅱ. ①史… Ⅲ. ①凉菜-制作
Ⅳ. ①TS972.114

中国版本图书馆 CIP 数据核字（2017）第296209号

时尚创意冷菜

主　　编：史红根
出版发行：东南大学出版社
社　　址：南京市四牌楼 2 号　　邮编：210096
出 版 人：江建中
网　　址：http://www. seupress. com
电子邮箱：press@seupress. com
经　　销：全国各地新华书店
印　　刷：南京艺中印务有限公司
开　　本：787mm×1092mm　　1/16
印　　张：16
字　　数：358 千字
版　　次：2017 年 12 月第 1 版
印　　次：2024 年 2 月第 4 次印刷
书　　号：ISBN 978-7-5641-7525-2
定　　价：68.00 元

本社图书若有印装质量问题，请直接与营销部联系。电话（传真）：025-83791830

前言

《时尚创意菜点系列丛书》（以下简称《丛书》）由《时尚创意冷菜》《时尚创意面点》和《时尚创意热菜》共三册组成，现已付梓出版了。《丛书》是由南京旅游职业学院烹饪与营养学院"菜点开发与创新"科研团队全体成员用近两年的时间编著而成，本《丛书》根据目前餐饮企业菜点流行的趋势及现代烹调技术的发展，充分运用当今烹饪的新食材、新工艺、新技术、新盛器、新观念，制成当今比较时尚的富有创意的养生菜点，这些菜点在吸取传统菜点制作方法的基础上，博采众长，融古今中外于一炉。菜点品种新颖，富有时代气息，达到色、香、味、形、器、养、情等几方面的完美结合，文化内涵深刻。菜点装饰与造型典雅，每一菜点图文并茂，较复杂的部分菜点还设有分解示意图，易学易懂，给人耳目一新的感觉，是一本引领餐饮市场潮流和促进教学改革的范本。《丛书》在创新与编著中始终突出如下特点：

一、注重实用性。《丛书》对每一菜点的制作力求做到食用与美观、雅致与通俗、效率与品质的有机结合，反对华而不实、好看不好吃的"花架子"菜，符合当今时代的需求。

二、注重创新性。《丛书》中每一菜点在传统菜品的基础上吸收了古代与现代、中国料理与外国料理、地方名肴与风味小吃等的优点，注重在原料的运用、烹饪的工艺革新、烹调技法的变换、菜点装饰与造型等方面的创新，做到菜点结合、中西结合、冷菜与热菜的结合，使每一款菜点都有创新的亮点及风味特色。

三、注重时尚性。随着时代的变革及社会的进步，人们对饮食的观念发生了很大的变化，为了满足人们求新、求变、求异的心理，《丛书》中每一菜点都注重吸收中外创新的各种元素，为我所用，提倡菜点广泛运用新原料、新风味、新式样、新盘饰等，使菜点更加新颖、时尚，增进食欲。

四、注重营养性。《丛书》中每一菜点的设计均依据现代营养卫生的要求，注重原料的搭配及营养，强调食品卫生，以突出菜点对人体养生滋补的功效。

五、注重应用性。《丛书》力求较明确地表达每一款菜品所用原料的品种、数量、工艺流程、成品标准、制作关键、创新亮点、营养价值与食用功效等方面的内容，这种编著方法既能满足烹饪院校师生教学的需求，又能满足餐饮企业从业人员经营的需求，还能帮助饮食爱好者完成学做菜品的夙愿，同时具有学术研究及生产经营、欣赏与收藏的双重价值。

本《丛书》在编写过程中，得到南京旅游职业学院各级领导的大力支持和帮助；在菜点制作过程中，得到南京苏艺瓷酒店用品有限公司总经理苏飞、南京奔瓷酒店用品有限公司总经理刘增裕在盛器上的支持和帮助；《丛书》的菜点照片，均由南京米田摄影工作室潘庆生拍摄；本书在出版过程中得到东南大学出版社张丽萍老师的指点和帮助。对以上为本书做出贡献的同志谨致衷心的感谢。

由于时间仓促，书中难免有缺点和错误，敬请广大读者指正。

编委会

时尚创意冷菜
Innovative Cold Dish
目录

Innovative
Cold Dish

传统翻新冷菜篇

碧绿肴肉

此菜在传统菜肴镇江肴肉的基础上，加入西兰花，使色彩更加鲜艳，口味更加符合现代人的需求，不再让人感受到油腻，也有利于营养的充分吸收。

一、原料

1. **主料**：蹄髈 1 000 克
2. **辅料**：猪肉皮 100 克、西兰花 100 克
3. **调料**：花椒 5 克、精盐 15 克、硝 0.01 克、
   明矾 0.1 克、琼脂 2 克

二、工艺流程

1. 将蹄髈燎去毛，剔去大骨，从中间剖开，将花
   椒和盐炒香制成花椒盐，用花椒盐、硝腌制两天。
2. 将蹄髈的花椒盐洗去，一起放入锅中焯水，
   取出洗净加葱姜酒上笼蒸烂。
3. 将西兰花用开水烫熟，凉开水冲凉备用。
4. 用肉皮垫底，摆放于平底盘中，一层蹄髈肉，
   一层西兰花，码放整齐。
5. 将蒸蹄髈的汁液加琼脂、明矾，加热调味后
   过滤，浇在蹄髈上，晃匀，放入冰箱内冷冻。

三、成品标准

肉质红润，味醇香，入口香糯有回味，西兰花翠绿，
层次分明。

四、制作关键

1. 蹄髈腌制时，要用锥子均匀地戳成孔，便于入味。
2. 腌制时，要翻动一次，使之均匀。
3. 西兰花码放前须将蹄髈肉用托盘压实。

五、创新亮点

此菜在传统菜肴镇江肴肉的基础上，加入西兰花，
使色彩更加鲜艳，口味更加符合现代人的需求，
不再让人感受到油腻，也有利于营养的充分吸收。

六、营养价值与食用功效

蹄髈中含有丰富的胶原蛋白，可延缓机体衰老，
具有美容养颜、润滑肌肤、抗老防癌之功效。西
兰花维生素 C 含量高并具有抗癌作用，同时还具
有降血糖、降血压、降血脂，增强血管韧性的功效。

七、温馨小贴士

1. 硝在使用时，切不可超量，应严格按照国家
   食品卫生标准进行投放。
2. 明矾的使用量也须严格控制，超量会使口感
   苦涩。

象形鱼冻

此菜在鱼子冻的基础上使用象形模具，使造型更加逼真，色彩更加鲜艳，并制作两条不同口味的鱼冻，一菜双色双味。

一、原料

1. **主料**：鱼子 100 克、鲈鱼鱼肉 100 克
2. **辅料**：猪肉皮 250 克
3. **调料**：精盐 3 克、鸡精 3 克、葱 15 克、
   姜 10 克、料酒 10 克、葱油 10 克、
   黄椒水 50 克、老抽 5 克、白糖 3 克、
   胡椒粉 1 克

二、工艺流程

1. 鱼子入沸水中焯水 3 分钟，捞出后晾凉
   搓碎待用。鲈鱼鱼肉上笼蒸熟撕成片。
   将猪肉皮改刀成 5 厘米见方的小块，放
   入清水 1 000 克中，加葱、姜、料酒用
   小火熬煮 1.5 小时至熬化（熬至汤汁约剩
   1 碗时即可），滤出汤汁。
2. 将搓碎的鱼子与鱼肉取一半放入熬好的肉
   皮卤中，加盐、味精、黄椒水、胡椒粉调
   好味，另一半加老抽、精盐、鸡精、白糖、
   胡椒粉调味。取模具，在模具底抹上葱油，
   分别倒入调好味的鱼子鱼肉，置于冰箱中
   冷藏至凝固后装盘即可。

三、成品标准

双色双味，晶莹剔透，造型美观，口感滑嫩。

四、制作关键

鱼子要搓得细碎，猪肉皮一定要小火熬化，
在熬的过程中要不断用勺搅动。

五、创新亮点

此菜在鱼子冻的基础上使用象形模具，使造
型更加逼真，色彩更加鲜艳，并制作两条不
同口味的鱼冻，一菜双色双味。

六、营养价值与食用功效

鱼子富含胆固醇，能促进大脑发育，是儿童
生长发育必备之品。鲈鱼具有健脾胃、补肾
肝等功效，鲈鱼肉所含的蛋白质易于消化，
老少咸宜。

酱汁鸭舌

海鲜酱的运用和日式烧汁调味，使鸭舌色泽更美，味道更浓。

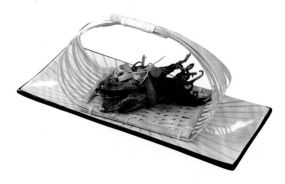

一、原料

1. **主料**：鸭舌 500 克
2. **辅料**：海鲜酱 30 克
3. **调料**：精盐 10 克、花雕酒 20 克、白糖 20 克、味精 8 克、日本酱油 8 克、日式烧汁 10 克、生姜 15 克、葱 15 克、八角 2 颗、香叶 2 片

二、工艺流程

1. 将鸭舌洗净后用布擦干备用。把鸭舌用 180℃ 油炸成外表起软壳，再以清水泡凉，然后捞起擦干。
2. 炒锅上火放入生姜、葱煸香，加入海鲜酱、花雕酒、日本酱油、日式烧汁、盐、糖、味精、八角、香叶、水，用小火煮开，然后放入鸭舌烧 20 分钟，直到将酱汁收稠即可。

三、成品标准

色泽红润、酱香浓郁、香醇甜美、肉质香滑耐嚼。

四、制作关键

1. 烧鸭舌酱汁收的不要太干，最后要有点酱汁倒在鸭舌上。
2. 鲜鸭舌加工时去掉黏液。

五、创新亮点

海鲜酱的运用和日式烧汁调味，使鸭舌色泽更美，味道更浓。

六、营养价值与食用功效

鸭舌，蛋白质含量较高，易消化吸收，有增强体力、强壮身体的功效。鸭舌含有对人体生长发育有重要作用的磷脂类，对神经系统和身体发育有重要作用，对延缓老年人智力衰退有一定的作用。

七、温馨小贴示

中国人大多数没有接触过日式烧汁，不习惯日式烧汁的味道。

果味熏鱼

加入柠檬汁使菜品味道更加醇香，改变冷菜风味。

一、原料

1. **主料**：新鲜草鱼 2 000 克
2. **辅料**：玫瑰露酒 30 克、柠檬汁 20 克、橙汁 10 克、白醋 20 克、番茄沙司 160 克、冰糖 60 克
3. **调料**：料酒 15 克、精盐 20 克、花椒 10 颗、味精 10 克，生姜、葱适量

二、工艺流程

1. 新鲜草鱼加工洗净，改刀成块加玫瑰露酒、精盐、花椒、味精、生姜、葱抓匀，放保鲜冰箱腌制 6 小时。
2. 草鱼肉取出净腌料，放入 190℃热油炸至表面结壳，再改用 170℃热油炸 4~5 分钟至鱼酥脆。
3. 炒锅上火倒入色拉油，放入生姜、葱、番茄沙司、冰糖、料酒、白醋，用小火熬浓稠，加入柠檬汁、橙汁搅匀后淋油，浇入炸酥鱼中搅匀后出锅即可。

三、成品标准

色泽红润，柠檬醇香，酸甜适口。

四、制作关键

1. 腌制鱼片时不要放料酒太多，否则鱼肉在热油炸后会发黑。
2. 调制番茄汁时要控制好油温，酱汁的浓稠要适中，否则不易挂在鱼片上。

五、创新亮点

加入柠檬汁使菜品味道更加醇香，改变冷菜风味。

六、营养价值与食用功效

草鱼含有丰富的不饱和脂肪酸，对血液循环有利，是心血管病人的良好食物。草鱼含有丰富的硒元素，经常食用有抗衰老、养颜的功效，而且对肿瘤也有一定的防治作用。

七、温馨小贴示

柠檬汁的泡法：一是用温水冲泡新鲜柠檬片和蜂蜜，二是制成柠檬蜜冲泡。柠檬蜜的制作方法是在一个用沸水煮后风干的玻璃罐内放入柠檬片和蜂蜜。

迷香扇骨

扇子骨通常卤制或炸制后做成热菜，用于凉菜比较少见。

一、原料

1. **主料**：扇子骨 1 000 克
2. **辅料**：高度白酒 30 克
3. **调料**：花椒 30 克、盐 150 克、生姜 50 克、
   葱 50 克、八角 4 颗、豆蔻 4 颗

二、工艺流程

1. 炒锅上火入花椒、盐干炒出香，制成花椒盐待用。扇子骨入沸水锅烫一下，再入凉水冲净控干，用生姜、葱和高度白酒抹匀去腥，腌制 30 分钟后再抹匀花椒盐，直接入保鲜冰箱腌制 18 小时。
2. 腌好的扇子骨挂起来，在阴凉通风处吹 10 小时至表面变干，在盘中加入葱、八角、豆蔻，包上保鲜膜，放入蒸笼蒸 30 分钟至熟，取出自然冷却后改刀装盘即可。

三、成品标准

肉质干香、骨肉相连，口感筋道。

四、制作关键

扇子骨一定要先去腥再入味，两步分开做能达到最佳效果。

五、创新亮点

扇子骨通常用作熬汤或卤制或炸制后做成热菜，用于凉菜比较少见。

六、营养价值与食用功效

扇子骨所富含的钙质具有促进人体骨骼发育和有效预防骨质疏松等相关疾病的作用。而白酒有活血通脉、促进血液循环的功效。此菜肴具有很好的保健功效。

七、温馨小贴示

扇子骨用作熬汤时，通常人们认为熬汤时间越长，味道就越鲜美，营养就越丰富。其实，无论多高的温度，也不能将骨骼内的钙质溶化，因为动物骨骼中所含钙质不易分解，久煮反而会破坏骨头中的蛋白质，因此，熬骨头汤不宜时间过长。

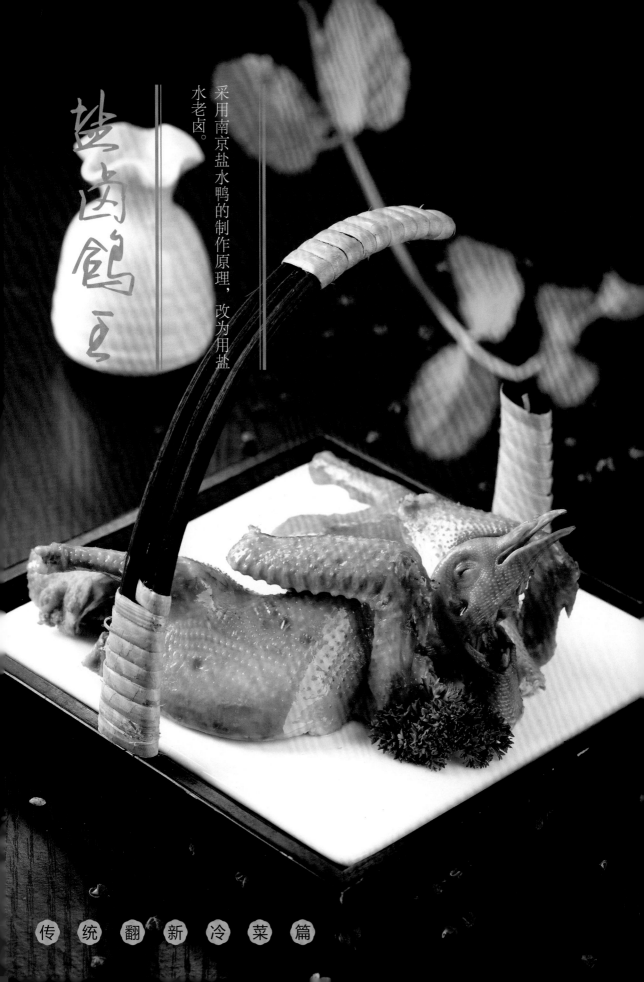

盐卤鸽王

采用南京盐水鸭的制作原理，改为用盐水老卤。

一、原料

1. **主料**：净乳鸽 5 只（净重 350 克 / 只）。
2. **调料**：葱 20 克、姜 10 克、料酒 12 克、
   八角 3 颗、花椒 10 颗、盐水老卤
   适量

二、工艺流程

1. 乳鸽去内脏，放入清水中浸泡 12 小时，
   去掉肌肉中含有的血水，捞出放入沸水
   锅中焯水 2 分钟捞出控水。
2. 将乳鸽放入加有葱、姜、料酒、八角、
   花椒的盐水老卤中，用大火烧沸，改小
   火焖 30 分钟，捞出乳鸽，用冰开水浸泡
   4 分钟，捞出控水，食用时改刀装盘淋上
   热的老卤即可。

三、成品标准

肉质丰润鲜香，表皮爽脆，色泽淡黄。

四、制作关键

1. 盐水老卤配方制作：水 5 千克放入不锈
   钢桶内，加入葱段 100 克、姜片 100 克、
   八角 10 克、草果 4 克、花椒 30 克，大
   火熬至香料的风味溢出，用粗盐 1 200 克，
   加味精、鸡粉调味成为卤水。
2. 选择优良的原料——孵出只有 14 天的乳
   鸽。
3. 将焖煮过的盐水乳鸽放入冰水中浸泡 4
   分钟，乳鸽的表皮和肉质由细软变得爽
   脆，吃起来有弹性。

五、创新亮点

采用南京盐水鸭的制作原理，改为用盐水
老卤。

六、营养价值与食用功效

乳鸽的骨内含丰富的软骨素，常食能增加
皮肤弹性，改善血液循环。乳鸽肉含有较
多的支链氨基酸和精氨酸，可促进体内蛋
白质的合成，加快创伤愈合。这是一道传
统的养生名膳。

七、温馨小贴士

在我国，乳鸽在禽类中第一个被国家绿色食
品发展中心评为绿色食品，是目前肉类中最
佳、无污染的肉类食品。现代医学、生命科
学、营养学研究表明：乳鸽的营养指数在生
物类中占首位。乳鸽菜在各地流行，尤其是
在香港，已经有"一鸽顶九鸡，无鸽不成席"
的说法，可见乳鸽十分受欢迎。

双椒牛腱

此菜在干切牛肉的基础上，配上□□辣汁口感改变，酸辣开胃。

一、原料

1. **主料**：牛腱子肉 400 克
2. **辅料**：青红尖椒各 10 克、白芝麻 3 克、
   青鲜花椒 10 克
3. **调料**：
① **卤水料**：毛汤 1 000 克、花椒 5 克、八角
   2 颗、香叶 3 克、五香粉 5 克、
   桂皮 4 克、草果 2 颗、豆蔻 3 颗、
   山楂干 5 克、老抽 3 克、生抽
   10 克、冰糖 5 克、精盐 5 克、
   鸡精 3 克
② **调味汁**：卤水 20 克、米醋 5 克、蒜末 3
   克、味露 4 克、白糖 3 克、鸡
   精 3 克

二、工艺流程

1. 牛腱子洗净，为了腌制时入味，用刀在
   正反开几刀，搓上盐和花椒。按摩一会
   儿后装入密封袋放入冰箱，最好 24 小时
   后取出。
2. 取出腌制好的牛腱子洗净，焯水煮 3 分钟，
   立刻放入冷水中，洗净备用。
3. 将洗净的牛腱肉放入卤水料中，小火煮 3
   小时，取出。
4. 牛肉彻底凉透切片摆盘，调味汁加入辅
   料泡 10 分钟淋在牛肉上即可。

三、成品标准

色泽清亮，卤汁鲜香，口味微带酸辣，可口
开胃。

四、制作关键

1. 在焯水中可放一小杯白酒，味道会更好。
2. 牛肉卤制时间要掌控好。

五、创新亮点

此菜在干切牛肉的基础上，配上清香麻辣汁，
口感改变，酸辣开胃。

六、营养价值与食用功效

牛肉含有丰富的蛋白质，氨基酸组成比猪肉
更接近人体需要，能提高机体抗病能力，促
进生长发育。寒冬食牛肉，有暖胃作用。牛
肉为寒冬补益佳品。青椒具有增进食欲，促
进消化，活血通脉作用。

七、温馨小贴士

根据需要，可搭配其他口味调味汁。

川味串香

川味串串方法，冷锅浸泡。色彩更加诱人，口味更加独特醇香。

一、原料

1. **主料**：海带 25 克、土豆 25 克、鹌鹑蛋 6 个、鸡翅尖 6 个、青菜心 25 克、牛肚 25 克、墨鱼仔 25 克、鸭肫 1 个
2. **辅料**：竹签
3. **调料**：花生油 2 大勺、精盐 2 克、冰糖 4 粒、葱段 10 克、姜 10 克、蒜子 10 克、八角 1 个、花椒 20 粒、桂皮适量、干辣椒段 3 克、生抽 3 克、水少许、香菜 1 棵、郫县豆瓣酱 2 大勺、剁椒 1 勺、醪（lao）糟 2 大勺、香叶 2 片、白芷 2 片、陈皮 2 段、高汤 200 克、芝麻酱 20 克

二、工艺流程

1. 海带、土豆、鹌鹑蛋、鸡翅尖、青菜心、牛肚、墨鱼仔、鸭肫洗净改刀，将竹签沸水消毒后穿好所有食材。
2. 炒锅放入适量的油烧热，下葱姜蒜炸香，放入郫县豆瓣酱和剁椒小火炒出红油。
3. 放入剩余的所有香料，加入冰糖和干辣椒，小火继续炒香，然后倒入高汤，大火烧开。
4. 烧开后转小火煮 5 到 10 分钟加入醪糟，大火烧开即可。与此同时放入串好的食材浸泡 1 小时即可。

三、成品标准

色泽红亮，软烂不腻，香辣浓厚，形态美观。

四、制作关键

1. 郫县豆瓣酱和剁椒要炒香。
2. 所有调料下锅顺序不可错乱。

五、创新亮点

川味串串方法，冷锅浸泡。色彩更加诱人，口味更加独特醇香。

六、营养价值与食用功效

海带具有降血脂、降血糖、抗凝血等作用，搭配补气益血、强筋健骨的鹌鹑蛋，润肠通便、促进消化的土豆，以及富含维生素 C 的青菜心，具有开胃活血的效果。

七、温馨小贴士

串串香可以冷食上桌，也可以一边加热一边食用。调料汁也可选择不辣的清汤，原材料可以多种选择。

乌龙茶香鸽

此菜在卤水乳鸽的基础上加入乌龙茶，使菜品具有茶香，且肉质鲜美，造型美观。

三、成品标准

色泽红润，鲜嫩脆爽，形状美观，卤味醇香，表面亮净。

四、制作关键

1. 此菜突出茶香，料理时要选茶香味较浓的乌龙茶来做。
2. 卤乳鸽时火开得不要太大，以保证乳鸽表皮的完整。

五、创新亮点

此菜在卤水乳鸽的基础上加入乌龙茶，使菜品具有茶香，且肉质鲜美，造型美观。

六、营养价值与食用功效

鸽子又名白凤，肉质鲜美，营养丰富，民间有"一鸽胜九鸡"之说。鸽子有一定的辅助治疗作用，著名的中成药"乌鸡白凤丸"，就是以乌鸡和鸽子为主要原料制成的。鸽肉鲜嫩味美，清蒸或煲汤能最大限度地保存其营养成分，具有分解脂肪、减肥健美等功效。

七、温馨小贴士

乳鸽可炸、卤、烧、炒等，肉质柔嫩，味甚鲜美，此菜卤水可留作老汤，制作越久越香醇。

一、原料

1. **主料**：乳鸽 2 只
2. **辅料**：乌龙茶叶 30 克
3. **调料**：老汤 2 000 克、酱油 50 克、白酒 15 克、白糖 15 克、精盐 20 克、味精 30 克、葱段 10 克、姜片 8 克、香料包 1 个（八角、桂皮各少许）

二、工艺流程

1. 将乳鸽洗涤整理干净，放入开水锅中稍烫一下，去除血水，捞出洗净备用。
2. 油锅上火烧至 6 成热，将乳鸽走红。
3. 炒锅点火，加入老汤烧热，放入葱姜、茶叶、香料包、酱油、精盐、白糖、味精、白酒煮滚，待茶叶香味释放出来后，再将乳鸽放入，转小火卤煮 20 分钟。
4. 待乳鸽着色入味后取出，晾凉改刀装盘即可。

手撕沙茶鸡

采用沙茶酱制作冷菜风味独特，将鸡先腌制，再加调料酱制，口感干香浓郁。

一、原料

1. **主料**：三黄鸡 1 只（1 400 克）
2. **辅料**：沙茶酱 150 克
3. **调料**：精盐 20 克、白糖 10 克、味精 8 克、
   老抽 10 克、料酒 20 克、姜 20 克、
   葱 20 克、香草 5 克、辣椒 10 克

二、工艺流程

1. 将三黄鸡加工干净沥干水分，用盐、料酒、
   葱、姜腌制 3 小时。
2. 锅中放油烧至七成热，放入三黄鸡，炸
   至淡黄色取出，炒锅上火下姜、葱、辣
   椒煸出香味，加入沙茶酱、香草、三黄鸡，
   加老抽、料酒、糖、味精焖 20 分钟，三
   黄鸡冷却后用手撕条装盘，淋上卤汁即
   可。

三、成品标准

色泽酱黄，鸡肉酱香浓郁、风味清醇。

四、制作关键

1. 三黄鸡加工要干净，沥干水分，腌制时
   掌握好盐的量。
2. 在油炸时控制油温，颜色要适中。

五、创新亮点

采用沙茶酱制作冷菜风味独特，将鸡先腌制，
再加调料酱制，口感干香浓郁。

六、营养价值与食用功效

三黄鸡肉质细嫩，味道鲜美，营养丰富，蛋
白质含量较高，脂肪含量较低，具有健脾养
胃、补中益气的功效。

七、温馨小贴士

沙茶酱是起源于潮汕，盛行福建省、广东省
等地的一种混合型调味品。色泽淡褐，呈糊
酱状，具有大蒜、洋葱、花生米等特殊的复
合香味，虾米和生抽的复合鲜咸味，以及轻
微的甜、辣味。沙茶（印尼语：Satay）在闽
南、潮汕、台湾也被称为沙嗲。

香酱猪手

在烹饪过程中加入海鲜酱和花雕酒，使猪手色泽亮丽，味道鲜美。

传统翻新冷菜篇

一、原料

1. **主料**：猪手 1 200 克
2. **辅料**：海鲜酱 120 克
3. **调料**：老抽 180 克、红曲粉 30 克、花雕酒 150 克、精盐 20 克、白糖 40 克、香糟 20 克、葱 40 克、姜 40 克、香料包 1 个（内装有花椒、八角各 18 克，桂皮、陈皮各 10 克，香叶、砂仁、白芷、小茴香、丁香、山奈各 5 克）

二、工艺流程

1. 将猪手擦洗干净后放入沸水锅中烫一下捞出，用刀劈成两半。
2. 炒锅加水，放入老抽、花雕酒、精盐、白糖、红曲粉、香糟汁、香料包，葱、姜，烧 20 分钟使香味透出，再把猪手放入锅中用大火烧沸，改小火酱至猪手熟烂，取出装盘即成。

三、成品标准

猪手咸香酥软、色泽金黄光亮、软烂香浓、味道鲜美。

四、制作关键

1. 在烹饪猪手之前最好先用明火烤一下，不用烤焦，稍微烤一下，泛黄即可。这样做出来的猪手不管是味道还是颜色都比不烤的更胜一筹，而且烤过的猪手更便于清理残留的毛。
2. 制作前要检查好所购猪手是否有局部溃烂现象，以防口蹄疫传播给食用者，然后把毛拔净或刮干净。

五、创新亮点

在烹饪过程中加入海鲜酱和花雕酒，使猪手色泽光亮，味道鲜美。

六、营养价值与食用功效

猪手富含胶原蛋白，可促进毛发、指甲生长，保持皮肤柔软、细腻，指甲有光泽。经常食用猪手，还可有效地防止进行性营养障碍，对消化道出血、失血性休克有一定的疗效，并可以改善全身的微循环，从而能预防或减轻冠心病和缺血性脑病。

七、温馨小贴士

猪手又称猪脚、猪蹄，顾名思义就是指猪的脚部和小腿部位。猪手有多种不同的烹调做法。

Innovative
Cold Dish

技法创新冷菜篇

熟醉文蛤

文蛤体积小，易消毒，易入味，采用熟醉的烹调技法创新制作，不需时间太长，可当天醉，当天吃，口感醇和。

一、原料

1. **主料**：文蛤 500 克
2. **辅料**：小米辣椒 5 克
3. **调料**：生抽 30 克、花雕 35 克、蒜子 20 克、
   生姜 10 克、白糖 8 克、柠檬 8 克、
   话梅 6 克

二、工艺流程

1. 将文蛤用清水漂洗干净。
2. 清水小火慢煮，至文蛤的口逐渐开启，
   待半张嘴时，一一捞出，放入凉开水中
   浸凉。
3. 调醉汁：将生抽、花雕、蒜子、生姜、
   小米辣椒、白糖、柠檬、话梅放在一起，
   调匀。
4. 将文蛤放入醉汁中浸半小时，取出装盘
   即可。

三、成品标准

入口鲜嫩，绵甜、滑爽，有淡淡的酒香味。

四、制作关键

文蛤因大小不一，质地不同，成熟度不一致，
应分别处理。

五、创新亮点

文蛤体积小，易消毒，易入味，采用熟醉的
烹调技法创新制作，不需时间太长，可当天
醉，当天吃，口感醇和。

六、营养价值与食用功效

文蛤营养丰富，其肉质鲜美、易消化，较适
合身体虚弱以及病后需要调养者食用；文蛤
肉中含有丰富的钙、镁、锌，能促进儿童生
长发育，为老少皆宜的滋补佳品。

七、温馨小贴士

文蛤生性属凉，寒性体质者不宜多食。

酱汁烤鳗

在烤鳗过程中加入海鲜酱和蜂蜜，可以使色泽艳丽。

一、原料

1. **主料**：鳗鱼一条（1400克）
2. **辅料**：海鲜酱 200 克、蜂蜜 50 克
3. **调料**：酱油 20 克、料酒 25 克、姜 20 克、葱 20 克、白糖 15 克、胡椒粉 8 克、大蒜 20 克

二、工艺流程

1. 将鳗鱼洗净，沿着脊骨将肉剔出，不要剔断。再把剔完骨的鳗鱼洗净后切段，放入由海鲜酱、酱油、料酒、姜、葱、白糖、胡椒粉、大蒜调好的汁里腌制 45 分钟。
2. 烤箱预热，烤盘上铺上锡纸，刷上油，放入鳗鱼，190 度烤三十分钟左右。期间拿出三次，在鳗鱼上刷蜂蜜、海鲜酱。

三、成品标准

酱味浓郁、香酥细腻、鱼肉鲜美。

四、制作关键

烤的时候鳗鱼会出水，期间可以将水倒掉，再刷油继续烤。烤的时间根据鳗鱼的大小和多少来定，烤到鳗鱼表面微微有点焦即可，吃时配点醋和芥末增加口感。

五、创新亮点

在烤鳗过程中加入海鲜酱和蜂蜜，可以使色泽艳丽。

六、营养价值与食用功效

鳗鱼的营养价值非常高，被称为水中的软黄金，有"水中人参"之美誉，是滋补、美容的佳品，适宜所有人群食用。

七、温馨小贴士

鳗鱼的烹饪方法，最具代表性的是"蒲烧"。不同的地方，料理的方法也不同。关东地区的做法是，将鳗鱼从背部切开，用炭火慢慢烤透后蒸一下，再用中火边刷调味汁边烤。而关西，则是将鳗鱼从腹部划开，整个穿在木串上蘸上调料直接烤，然后将烤好的鳗鱼放在热腾腾的米饭上，浇上汁就是"鳗鱼盖浇饭"，这种饭在一年中的任何季节都深受欢迎。

辣味猪蹄冻园

在传统卤制方法的基础上加以改良，使菜品口味、颜色质感更受食者好评。

一、原料

1. **主料**：猪蹄圈 1 500 克
2. **辅料**：小米辣 20 克
3. **调料**：色拉油 20 克、料酒 20 克、八角 2 颗、砂仁 3 颗、茴香籽 4 颗、胡椒粒 5 克、花椒粒 20 克、红油豆瓣 20 克、油辣椒 20 克、白砂糖 25 克、冰糖 20 克、老抽 30 克、生抽 20 克、五香 5 克、姜 10 克、蒜 15 克、葱 20 克

二、工艺流程

1. 猪蹄清洗干净，放入锅中焯水，待皮稍紧断生后用清水洗净滤干待用。姜切片、蒜切瓣、各种香料装入卤袋。
2. 热锅加入色拉油，加白砂糖炒制，放入姜蒜爆香，加入豆瓣油辣椒炒香，放入猪蹄，中火翻炒，加入料酒、生抽、老抽，待猪蹄上色后加开水没过食料约 1 厘米，放入冰糖、香料袋大火煮开，小火炖约 1 小时自然收汁，取出冷却后加少量卤汁装盘即可。

三、成品标准

肉酥烂，色鲜艳，香辣味浓。

四、制作关键

制作本菜品时放入少量油就可以了，主要是为了不让干锅粘坏猪蹄的皮。因为猪蹄本身就能出油，所以油多了会显油腻。

五、创新亮点

在传统卤制方法的基础上加以改良，使菜品口味、颜色质感更受食者好评。

六、营养价值与食用功效

猪蹄能有效防治皮肤干瘪起皱，增强皮肤弹性和韧性，对延缓衰老和促进儿童生长发育有重要意义。

七、温馨小贴士

猪蹄中的胶原蛋白是人体皮肤的主要成分之一，有促进女性激素合成的作用，对女性容颜有一定的益处。然而，日常的肌肤养护不可能靠偶尔吃动物胶原来解决，改善膳食的整体营养质量更为重要。

时尚创意冷菜

烧汁黄鱼卷

黄鱼卷摆成草垛状造型，让作品增加立体感，一抹酱汁则增加了作品的美感，好似一幅画作。

一、原料

1. **主料**：150 克左右小黄鱼 10 条
2. **辅料**：熟芝麻 3 克
3. **调料**：
   ① **腌渍酱**：干葱头、蒜泥少许，葱姜酒各
      10 克、精盐 20 克
   ② **烧　汁**：将韩国米汁 750 克、上汤 1 000 克、
      味精 200 克、鸡粉 250 克、酱油
      300 克、美极鲜酱油 300 克、蚝
      油 150 克、干葱头 50 克、鲜香
      茅 20 克，下锅熬制 15 分钟，再
      加入冰糖 100 克、麦芽糖 100 克、
      蜂蜜 100 克搅匀

二、工艺流程

1. 小黄鱼去鳞，去内脏，洗净，取肉成两
   片鱼肉，放入腌渍酱腌制入味后，挂起
   风干 5 小时。
2. 取鱼肉，卷成圆筒形，下五成油锅中炸 3
   分钟成熟定型。
3. 将烧汁 40 克入锅，黄鱼卷下锅收汁入味，
   晾凉待用。

三、成品标准

造型新颖，烧汁口味，咸中带甜，搭配海鲜
可起到画龙点睛的作用。

四、制作关键

1. 小黄鱼加工好后洗净挂起风干。
2. 烧汁入锅熬制时时间不宜过长，否则味
   变苦，色发黑。

五、创新亮点

黄鱼卷摆成草垛状造型，让作品增加立体感，
一抹酱汁则增加了作品的美感，好似一幅画
作。

六、营养价值与食用功效

黄鱼中含有丰富的蛋白质、微量元素和维生
素，尤其以硒元素含量居高，能清除人体代
谢产生的自由基，延缓衰老，并对各种疾病
及癌症有较好的防治效果；特别是对贫血、
失眠、头晕、食欲不振及妇女产后体虚者更
为适用。

七、温馨小贴士

吃黄鱼时，一定要用植物油去煎炸，不能使用
猪油、羊油等动物油脂，不然会影响黄鱼的新
鲜感，也会让黄鱼的营养出现流失。黄鱼含有
一些天然的过敏性物质，平时患有哮喘和过敏
性疾病的人群，最好不要吃黄鱼，不然会让病
情加重，不利于身体恢复。

糟香竹蹄

夏天制作此菜，口感清新，不肥腻。

一、原料

1. **主料**：蹄髈 1 000 克
2. **辅料**：蜜豆 30 克
3. **调料**：花椒 5 克、精盐 15 克、花椒 3 克、白酒 8 克、酒糟 100 克、生姜 30 克、葱 30 克

二、工艺流程

1. 将花椒和盐按 1:3 比例炒香制成花椒盐。
2. 将猪蹄髈燎去毛，剔去大骨，从中间剖开，用花椒盐腌制 4 小时。
3. 将蹄髈的花椒盐洗去，肉皮洗净，一起放入锅中，加葱姜煮烂，将肉捞出。
4. 用白酒、盐、酒糟及葱姜调制糟卤，冷却后，放入蹄髈，浸泡 12 小时。
5. 蜜豆焯水，将蹄髈改刀后，撒上蜜豆即可。

三、成品标准

肉质红润，味香醇，入口有淡淡的酒糟味。

四、制作关键

1. 蹄髈腌制时，要用锥子均匀地戳成孔，便于入味。
2. 腌制时，要翻动一次，使之均匀。

五、创新亮点

夏天制作此菜，口感清新，不肥腻。

六、营养价值与食用功效

蹄髈中含有较多的蛋白质、脂肪和碳水化合物，可加速新陈代谢，延缓机体衰老，并且能起到美容的作用，具润滑肌肤、抗老防癌之功效。

七、温馨小贴士

浸泡时间要长，使酒糟的味慢慢浸入。

豉香鲳鱼

烹饪鲳鱼时加入玫瑰露酒，配与豆豉，豉香味浓、色泽酱红。

一、原料

1. **主料：** 鲳鱼 1 条 (500 克)
2. **辅料：** 豆豉 30 克
3. **调料：** 料酒5克、玫瑰露酒12克、精盐6克、味精5克、红辣椒1个、黄辣椒1个、香葱10克、大蒜15克

二、工艺流程

1. 红、黄辣椒洗净切成环状，葱洗净切花、大蒜洗净切末，把豆豉、精盐、味精、料酒放入碗中调匀成酱料。
2. 鲳鱼去除内脏，洗净，去骨取肉，切块用酱料腌制。将鱼块下锅炸制成熟起香，取出淋上玫瑰露酒、酱料，撒上辣椒、蒜末、葱花拌匀，装盘即可。

三、成品标准

豉香味浓、鱼肉香酥、色泽酱红。

四、制作关键

1. 新鲜鲳鱼的肉质细嫩鲜美，适合清蒸或盐烤；冷冻鲳鱼的腥味较重，适合油煎，可减少鱼腥味。
2. 用小包的干豆豉腌制鱼比较香。干豆豉洗净即可，不要泡水，以免香味流失。

五、创新亮点

烹饪鲳鱼时加入玫瑰露酒，配与豆豉，豉香味浓、色泽酱红。

六、营养价值与食用功效

鲳鱼含有丰富的不饱和脂肪酸，有降低胆固醇的功效，鲳鱼还含有丰富的微量元素硒和镁，对冠状动脉硬化等心血管疾病有预防作用，并能延缓机体衰老，预防癌症的发生。

七、温馨小贴士

鲳鱼要买色泽白亮的才好，黑鲳鱼不好吃。食用前再撒少许葱花、豆豉会使菜外观更好。

三色土豆泥

中西合璧，价格低廉，内容丰富，同一食材，三种色彩和口味。

一、原料

1. **主料**：土豆 300 克
2. **辅料**：黄油 1 小盒、鲜奶 20 克、黑胡椒粉 4 克、盐 5 克、芥末 4 克
3. **调料**：橙汁 50 克，酸奶 50 克，番茄沙司 20 克，白糖 20 克，精盐 5 克，生粉 10 克，巧克力饰品 3 套

二、工艺流程

1. 土豆洗净，放入蒸笼蒸 30 分钟取出。
2. 取出土豆，剥皮，捣成泥状，加入黄油、鲜奶、胡椒粉、盐、芥末，拌和均匀，捏成 3 个大小一致的球体装盘。
3. 分别用橙汁、酸奶、番茄沙司调制成汁，淋在土豆球上，放上巧克力装饰即可。

三、成品标准

色彩口味多样，营养开胃。

四、制作关键

土豆泥可加土豆粉制作，增加黏性。

五、创新亮点

中西合璧，价格低廉，内容丰富，同一食材三种色彩和口味。

六、营养价值与食用功效

土豆可作为人体能量的主要来源形式，其具有较高的营养价值，含有蛋白质、矿物质（钙、磷等）、维生素等多种成分，营养结构也较合理，有"地下苹果"之称。土豆还能改善肠胃功能，对胃溃疡、十二指肠溃疡、慢性胆囊炎、痔疮引起的便秘均有一定的疗效。

七、温馨小贴士

土豆作为一种生活中最为常见的食材，也是做法最多的食材。从土豆传入中国到现在各种关于土豆的美食层出不穷。土豆最简易的做法，不是烤着吃，而是蒸着吃。把土豆蒸到一定程度，用勺子压成泥，然后炒一下，放点盐，加点葱，就是最简易的现代美食——土豆泥。

铁山药酿凉瓜

用铁山药做馅，增加营养。

一、原料

1. **主料**：凉瓜 200 克
2. **辅料**：铁山药 150 克
3. **调料**：精盐 5 克、蜂蜜 10 克、蓝莓酱 10 克、口碱 5 克

二、工艺流程

1. 凉瓜洗净，切去两头，用雕刻槽口刀去瓤，入开水锅中加口碱焯熟，用冰水激透。
2. 铁山药上蒸笼蒸熟，去皮剁成泥，加盐调和成馅料。
3. 将铁山药泥搓成条酿入凉瓜体内待用。
4. 将酿好的凉瓜改刀 0.6 厘米左右厚的圆柱体，摆盘。
5. 将蜂蜜与冷开水蓝莓酱调成汁淋在凉瓜上即可。

三、成品标准

苦中带甜，清火败毒。

四、制作关键

凉瓜焯水后要用冰水激透，保证颜色。

五、创新亮点

用铁山药做馅，增加营养。

六、营养价值与食用功效

凉瓜，又称苦瓜，能清暑解渴，降血糖、血压、血脂，养颜美容，促进新陈代谢。铁棍山药富含丰富的蛋白质、维生素和多种氨基酸与矿物质，既能补脾肺肾之气，又能滋养脾肺肾之阴，为气阴双补之珍品。

七、温馨小贴士

铁棍山药是河南焦作的著名特产之一，已有三千年种植历史，曾为历代皇室之贡品，属于四大怀药（怀山药、怀地黄、怀牛膝、怀菊花）的怀山药中的极品，在国内外享有很高的知名度，现已被焦作市申请为国家原产地保护产品，原产地为焦作地区黄河沿岸一带，焦作周边地市黄河沿岸也有种植，品质都不及焦作温县地区所产，只有焦作种植的才能叫做"铁棍山药"。然而普通山药，没有铁棍山药营养价值和药用价值高，只是单纯地做菜用。

XO酱笋子寿司

将日本响笋与结合在一起，装料，中西结合，色彩
和口味都丰富了。

一、原料

1. **主料**：罗汉笋 200 克、日本寿司 75 克
2. **辅料**：XO 酱 15 克、美极鲜酱油 5 克、
   白糖 4 克、蚝油 5 克

二、工艺流程

1. 烤罗汉笋改刀成丝。
2. 将笋丝用四五成油温炸至水分干，加入
   XO 酱、美极鲜酱油、糖、蚝油调制入味
   即可。
3. 将日本寿司一同装盘。

三、成品标准

笋丝脆爽，干香，寿司绵鲜。

四、制作关键

笋丝用炸的手法处理，弃其涩味，再入味，
口感更鲜嫩。

五、创新亮点

将日本寿司与笋丝结合在一起装盘，中西结
合，色彩和口味都丰富了。

六、营养价值与食用功效

罗汉笋中的含氮物质具有开胃健脾、促进消
化、增进食欲的作用；其中丰富的膳食纤维
可以增加肠道水分的贮留量，促进胃肠蠕动，
有治疗便秘及预防肠癌的作用。

七、温馨小贴士

加入了寿司，既体现了浓浓的日式风格，又起
到了很好的装饰作用。

秘制牛筋冻

此菜在牛筋冻的基础上加了鱼胶片，使牛筋冻更加透明，色彩更加鲜艳，口感淡嫩而不腻。

一、原料

1. **主料**：牛筋500克
2. **辅料**：酱油5克、料酒20克、冰糖10克、八角2颗、葱姜各5克、鱼胶片5片、蒜泥汁50克、辣椒酱35克

二、工艺流程

1. 牛筋切块，用水焯一遍，洗干净放入锅中，加水、酱油、料酒、冰糖、八角、葱姜，小火炖2个小时，至牛筋软熟，捞出八角、葱姜。
2. 加入鱼胶片，让鱼胶片化开，稍微晾凉，置保鲜盒中，放冰箱冷藏。
3. 凝固后切薄片，浇蒜泥辣椒汁即可。

三、成品标准

色泽光滑，洁白透明，形状完整，口感润滑。

四、制作关键

1. 牛筋要煮熟煮烂，汤汁不要多。
2. 加鱼胶片使牛筋冻更加浓厚透明。

五、创新亮点

此菜在牛筋冻的基础上加了鱼胶片，使牛筋冻更加透明，色彩更加鲜艳，口感淡嫩而不腻。

六、营养价值与食用功效

牛蹄筋含有丰富的胶原蛋白，脂肪含量也比肥肉低，能增强细胞生理代谢，使皮肤更富有弹性和韧性，延缓皮肤的衰老，有强筋壮骨之功效，既有助于青少年生长发育，又能减缓中老年骨质疏松的速度。

七、温馨小贴士

牛筋鲜食富有韧劲，可爆、炒、炖、烧等。其肉质韧嫩，色泽透明。食用前，需初加工处理，去腥味。

剁椒心松花

火炕过的辣椒更香，用牙签串起上菜，美观方便。

一、原料

1. **主料**：皮鹌鹑蛋 20 个
2. **辅料**：青红椒各一个、蒜子 20 克
3. **调料**：美极鲜酱油 10 克、老抽 2 克、陈
   醋 5 克、白糖 4 克、鸡精 3 克、
   麻油 4 克、豆豉 3 克、蚝油 3 克

二、工艺流程

1. 锅洗干净，放入青红椒，小火慢慢煎，
   辣椒煎成虎皮后剥皮切丁。
2. 皮鹌鹑蛋去壳略泡洗，用小竹签串起摆盘。
3. 蒜子切片，加青红椒丁制成剁椒，与上
   述调料混合成汁，浇入盘中即可。

三、成品标准

蒜椒鲜香，皮蛋纯厚。

四、制作关键

蒜片和青红椒丁应事先腌制 30 分钟，然后
再用调料混合成汁。

五、创新亮点

火炕过的辣椒更香，用牙签串起上菜，美观
方便。

六、营养价值与食用功效

鹌鹑皮蛋有清热消炎、润喉去火的功效，是
一道老少咸宜的菜品。

七、温馨小贴士

婴儿，脾阳不足、寒湿下痢者，心血管病、
肝肾疾病患者少食。

Innovative
Cold Dish

生菜冷制冷菜篇

泰汁辣白菜

采用泰汁调味，利用韩国辣椒酱腌制。

一、原料

1. **主料**：大白菜心 1 棵
2. **辅料**：泰汁 100 克
3. **调料**：精盐 50 克、大葱 15 克、香葱 10 克、黄瓜 1 根、胡萝卜 1 根、梨 1 个、洋葱 1 个、大蒜 1 个、姜 10 克、韩国辣椒酱 25 克、糖 100 克、鱼露 10 克、韩国辣椒粉 10 克、虾酱 10 克、鸡精 10 克

二、工艺流程

1. 把一棵大白菜分切成两半，再改刀成粗条状，把每一层叶子都抹上精盐，腌 12 小时后洗净盐，抓干水。
2. 大葱一条切片，香葱两条切段，黄瓜、胡萝卜、梨、洋葱切丝，大蒜压成蒜泥，姜切丝。
3. 韩国辣椒粉和鸡精、盐、糖、鱼露、虾酱拌匀后，加入泰汁、韩国辣椒酱拌匀。
4. 戴上一次性手套，把每一片白菜叶子抹上酱料，装入密封盒中，放冰箱冷藏三天即可食用，冷藏五天后味道更好。

三、成品标准

辣，脆、酸、甜、色白带红，四季皆宜。

四、制作关键

1. 白菜要选白口菜，帮短的。这样的菜做出来比较嫩爽。
2. 辣椒粉以粉粒细、颜色红的为佳，可以用微辣或是中辣型的。

五、创新亮点

采用泰汁调味，利用韩国辣椒酱腌制。

六、营养价值与食用功效

白菜有解热除烦、通利肠胃、养胃生津、除烦解渴、利尿通便、清热解毒之功效。

七、温馨小贴士

吃辣白菜需要细嚼慢咽，这样有利于消化，更重要的是，辣白菜含有多种维生素和酸性物质，只有细嚼慢咽，这些物质才能充分吸收利用。

椿芽桃仁

香椿芽食材新颖，核桃仁生吃更具营养

一、原料

1. **主料**：香椿芽 150 克
2. **辅料**：生核桃仁 50 克、红椒丝 5 克
3. **调料**：鸡汤 100 克、美极鲜酱油 10 克、
   糖 5 克、生抽 10 克、麻油 5 克

二、工艺流程

1. 香椿芽与核桃仁洗净装盘
2. 用鸡汤、美极鲜酱油、糖、生抽、麻油
   混合调成汁，跟碟上桌即可。

三、成品标准

色泽亮丽，鲜嫩脆爽，形状美观。

四、制作关键

1. 必须选用新鲜细嫩的香椿芽。
2. 核桃仁要去皮洗净。

五、创新亮点

香椿芽食材新颖，核桃仁生吃更具营养。

六、营养价值与食用功效

香椿亦称椿树，属楝科，落叶乔木。椿芽是
椿树的嫩芽，又叫香椿头，曾被列为"小八珍"
之一。香椿不仅是乔木佳蔬，而且还是一味
良药，有清热解毒、止血、健脾理气、补虚
固精等功效。此外，香椿还有明显的抑菌效
果，老少咸宜。

七、温馨小贴士

核桃去壳：将核桃上蒸笼，用大火蒸 8 分钟
取出，立即倒入冷水中浸泡 3 分钟，捞出后
逐个破壳即可取出完整桃仁。

梅子醉蟹

大闸蟹蒸熟后用话梅等调料再醉，美味可口。

一、原料

1. **主料**：大闸蟹 10 只（175 克 / 只）
2. **调料**：香糟卤 2 瓶，东古一品鲜、生抽各 1 瓶，话梅 150 克，味精适量，花雕酒 2 瓶，玫瑰露酒 1 瓶，芥末 1 支，鲜橙皮 2 个，葱、姜、蒜子、八角、桂皮、香叶、干辣椒少许。

二、工艺流程

1. 所有调料倒入坛罐里搅拌均匀。
2. 大闸蟹入蒸箱蒸 15 分钟，取出放入冷开水浸凉，滤干水后放入调好的卤汁里，泡 10~12 小时即可食用。

三、成品标准

梅香扑鼻，色泽橘黄，外皮软和，汁浓味香。

四、制作关键

卤汁要搅拌均匀，话梅酱要突出气味，色泽要鲜亮透明。

五、创新亮点

大闸蟹蒸熟后用话梅等调料再醉，美味可口。

六、营养价值与食用功效

蟹肉有清热、化瘀之功效，可治疗跌打损伤、过敏性皮炎。蟹肉中含有多种维生素，其中维生素 A 高于其他陆生及水生动物，维生素 B2 是一般肉类的 5~6 倍，比鱼类高出 6~10 倍，比蛋类高出 2~3 倍。维生素 B1 及磷的含量比一般鱼类高出 6~10 倍。

七、温馨小贴士

螃蟹性寒，所以一定要趁热食用。如果食用冷蟹，很多原本就体寒的人甚至会腹痛。食用螃蟹的时候佐以姜、醋也可以起到驱寒的作用。另外，蟹心属大寒，不可食用。

海鲜炝时蔬

此菜在炝时蔬基础上加入几种海鲜，提高了档次，营养和口感也更好。

一、原料

1. **主料**：即食鱿鱼一条、海蜇头 50 克、基围虾 4 只、北极贝 4 只
2. **辅料**：苦菊 100 克、球生菜 50 克、洋花萝卜 3 个
3. **调料**：生抽 10 克、老抽 3 克、美极鲜酱油 5 克、本味淋 5 克、糖 5 克、日式芥末 5 克、鸡精 2 克、鸡汤 10 克

二、工艺流程

1. 各种蔬菜洗净加工，混合放入盘中。
2. 即食鱿鱼顶刀切片，基围虾煮熟一剖二，海蜇头批薄片，北极贝一剖二，排放在蔬菜上。
3. 各调料混合成汁，跟碟上桌即可。

三、成品标准

鲜嫩脆爽，形状美观，色泽亮丽。

四、制作关键

摆盘要注意整齐，蔬菜要鲜嫩。

五、创新亮点

此菜在炝时蔬基础上加入几种海鲜，提高了档次，营养和口感也更好。

六、营养价值与食用功效

此菜营养价值高，富含蛋白质、钙、牛磺酸、磷、维生素 B1 等多种人体所需的营养成分，且含量极高。此外，脂肪含量极低，需要减肥的人群可适当食用。其中掺入苦菊，清热解腻，有抗菌、消炎、明目等作用，是清热去火的美食佳品。

七、温馨小贴士

可增加其他品种蔬菜或海鲜，添入不同的风味，拓展机体对营养物质的吸收，均衡营养，促进健康，改善生活。

蒜茸腌白虾

此菜在白酒炝白虾的基础上，增加了蒜香的口味，使其口味更具特色。

一、原料

1. **主料**：鲜活小白虾（也可用河虾代替）
   500 克
2. **调料**：蒜茸 100 克、优质高度白酒 50 克、
   香醋 50 克、美极鲜 10 克、生抽
   30 克、鸡精味精各 5 克、色拉油
   200 克、精盐 3 克

二、工艺流程

1. 油锅上火加油，倒入蒜蓉熬香，加入香醋、
   美极鲜、生抽、鸡精、味精、精盐调和拌匀。
2. 河虾洗干净放入碗中，倒入酒及调好的
   蒜蓉卤汁，八分钟后即可食用。

三、成品标准

蒜香扑鼻，色泽发亮，汁浓味香。

四、制作关键

1. 一定要选择鲜活的白虾。
2. 酒应选用优质高度白酒。

五、创新亮点

此菜在白酒炝白虾的基础上，增加了蒜香的
口味，使其口味更具特色。

六、营养价值与食用功效

虾类营养丰富，且肉质松软，易消化，对身
体虚弱以及病后需要调养的人是极好的食
物；虾中含有丰富的镁，镁对于心脏活动具
有重要的调节作用，并且富含磷、钙，对小孩、
孕妇有补益功效。以虾为主料制作的菜肴，
色、香、味俱全。

七、温馨小贴士

白虾营养价值高，含有丰富的蛋白质、维生
素和多种微量元素。民间美食者喜用白虾制
成醉虾，醉虾别有一番风味。白虾生长在太
湖开阔的水域，属淡水虾类。体色透明，头
部有须，胸部有爪，两眼突出，尾成叉形。

凉皮三文鱼

此菜在刺身三文鱼基础上，加入凉皮与黄瓜丝，丰富口感，降低成本。

一、原料

1. **主料**：三文鱼 150 克
2. **辅料**：凉皮 100 克、黄瓜 50 克
3. **调料**：日本酱油 10 克、日式芥末 5 克、
　　　　鸡汤 20 克、老抽 3 克、白糖 4 克、
　　　　味露 5 克

二、工艺流程

1. 三文鱼、凉皮改刀成薄片，黄瓜切丝，
　用模具制成形状摆盘。
2. 将日本酱油、日式芥末、鸡汤、老抽、白糖、
　味露调和成调味汁，跟碟上桌即可。

三、成品标准

色泽亮丽，鲜嫩脆爽，形状美观。

四、制作关键

刀工要掌握好，原料要新鲜。

五、创新亮点

此菜在刺身三文鱼基础上，加入凉皮与黄瓜
丝，丰富口感，降低成本。

六、营养价值与食用功效

三文鱼的营养价值非常高，其维生素 E 与多
元不饱和脂肪酸的比例高达 0.73，且三文鱼
中富含的 DHA、EPA 等营养成分，具有健脑
益智和改善血液循环等功效。搭配的凉皮温
肺、健脾、和胃，是道绿色天然的减肥食品。

七、温馨小贴士

三文鱼是英语 Salmon 的音译，其英语词义
为"鲑科鱼"。三文鱼分为鲑科鲑属与鲑
科鳟属，所以准确地说 Salmon 是鲑鳟鱼。
鲑科鱼中的鳟属鱼有两种：海鳟（Salmo
Trutta）和虹鳟（Oncorhynchus Mykiss）。
三文鱼（Salmon）也叫撒蒙鱼或萨门鱼，是西
餐中较常用的鱼类原料之一。在不同国家的消
费市场三文鱼涵盖不同的种类，挪威三文鱼主
要为大西洋鲑，芬兰三文鱼主要是养殖的大规
格红肉虹鳟，美国的三文鱼主要是阿拉斯加鲑
鱼。

冷花根香

根茎类植物，绿色环保，也是下脚料利用，制作极其简单。

一、原料

1. **主料**：西兰花梗 300 克
2. **辅料**：香菜梗 30 克、蒜子 30 克、小米辣椒 25 克
3. **调料**：生抽 50 克、美极鲜酱油 10 克、白糖 15 克、香醋 10 克、味精 5 克

二、工艺流程

1. 把西兰花梗洗净切成厚片，备用。
2. 将香菜梗、蒜子、小米辣椒、生抽、美极鲜酱油、糖、香醋、味精加开水，调成汁。
3. 将西兰花梗放入卤汁中浸 12 小时即可。

三、成品标准

入口脆爽、咸鲜清香。

四、制作关键

1. 西兰花梗切片前应撕去根部的老筋部分。
2. 调卤汁时必须选用开水，不可用生水浸泡。

五、创新亮点

根茎类植物，绿色环保，也是下脚料利用，制作极其简单。

六、营养价值与食用功效

时令蔬菜中含有丰富的微量营养素，此道菜在制作过程中较好地保护了其中的营养成分，从而具有调节体内酸碱平衡、预防营养相关疾病以及美容护肤等作用，其中属十字花科的西兰花还具有抗氧化、防癌抗癌等功效，经常食用具有一定的保健效果。

七、温馨小贴士

为了保持脆性，西兰花梗不能切得太薄。

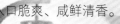

生泡芦蒿

生泡芦蒿，尽显芦蒿的清香味，且充分保持了叶绿素，入口脆爽。

一、原料

1. **主料**：芦蒿 200 克
2. **辅料**：蒜子 25 克、小米椒圈 8 克、姜丝 7 克
3. **调料**：生泡汁：纯净水 250 克、味精 6 克、白糖 6 克、香醋 15 克、生抽酱油 30 克、老抽酱油 20 克

二、工艺流程

1. 选芦蒿嫩头部分，洗净改成小段。
2. 放入生泡汁中，加入蒜子、小米椒圈、姜丝，浸 2 小时捞出即可。

三、成品标准

色泽翠绿，入口清香、脆爽。

四、制作关键

应选择粗一点的芦蒿来制作。

五、创新亮点

生泡芦蒿，尽显芦蒿的清香味，且充分保持了叶绿素，入口脆爽。

六、营养价值与食用功效

芦蒿具有清香宜人、脆嫩爽口、营养丰富的特点，是人们喜欢的蔬菜佳品，其中富含硒元素和黄酮类营养物质，从而具有平抑肝火、降压降脂、缓解心血管疾病和强身健体的功效，现被人们视为一种高效、无公害的绿色食品。

七、温馨小贴士

当天现泡，现用，尽量不隔夜。

摇滚拌菜

改变上菜形式，使现场气氛更为活泼。

一、原料

1. **主料**：球生菜 50 克、紫包菜 50 克、黄瓜 50 克、红椒 2 个、冰藻 50 克
2. **辅料**：杏仁片 10 克、菊花一朵
3. **调料**：鸡汤 100 克、美极鲜酱油 10 克、糖 5 克、生抽 10 克、麻油 5 克

二、工艺流程

1. 将主料洗净加工成片状，分别放入玻璃杯中。
2. 将鸡汤、美极鲜酱油、糖、生抽、麻油混合调成汁，装碟上桌。
3. 上桌后，将调味汁倒入杯中，加盖摇晃均匀后倒入盘中即可。

三、成品标准

色泽亮丽，鲜嫩脆爽，形状美观。

四、制作关键

1. 原料选择必须鲜嫩。
2. 制作过程必须卫生安全。

五、创新亮点

改变上菜形式，使现场气氛更为活泼。

六、营养价值与食用功效

绿叶菜能提供丰富的维生素 C 和胡萝卜素，也是维生素 B2 的重要来源之一。绿叶菜的含钙量较多，含铁丰富，而且吸收率比较高，有助于机体排毒。

七、温馨小贴士

可更换多种蔬菜。

味沐双脆

把两种蔬菜皮结合到一起，别有一番风味。

一、用料

1. **主料**：黄瓜 300 克、萝卜 300 克
2. **辅料**：小米辣 30 克、京葱 30 克、蒜子 20 克
3. **调料**：精盐 8 克、刺身酱油 20 克、日本味淋 8 克、麻油 15 克，白糖 20 克、米醋 10 克

二、工艺流程

1. 将黄瓜剐出皮，萝卜削出皮。
2. 调味汁：将小米辣、冷开水、蒜子（拍碎）、盐、刺身酱油、本味淋、白糖、米醋兑成汁。
3. 将黄瓜皮和萝卜皮用盐抓一下后，放入卤汁中浸泡 3 小时，待入味后分别装盘即可。

三、成品标准

入口清香、鲜辣，脆嫩爽口。

四、制作关键

腌制是为了挤出多余的水，使之入口更加脆嫩。

五、创新亮点

把两种蔬菜皮结合到一起，别有一番风味。

六、营养价值与食用功效

时令蔬菜中含有丰富的微量营养素，尤其含有丰富的维生素 C，使其具有抗氧化、提高机体免疫力、美容养颜、防癌抗癌等诸多功效。此道菜在制作过程中较好地保护了其中的营养成分，从而具有调节体内酸碱平衡、预防营养相关疾病以及美容护肤等作用，尤为适合青少年、女性以及便秘、肥胖、患有营养相关慢性病患者食用。

七、温馨小贴士

1. 萝卜皮浸泡的时间要比黄瓜皮时间长。
2. 味淋是一种日本调料，带有清新柔和的米香及甜香味，颜色呈淡棕黄色。它是将烧酒、米曲及糯米混合，使之发生糖化作用，一两个月后经过滤制成的带黄色的透明的较甜的酒。

Innovative
Cold Dish

热制温食冷菜篇

盐焗猪手

此菜在卤水猪手的基础上用香料、蚝油先卤入味，加入海鲜酱、蚝油，使卤汁再加浓，采用盐焗成熟方法，食之酥香。

一、原料

1. **主料**：猪手 1 个（350 克）
2. **调料**：葱姜各 10 克、八角 2 个、花椒 10 克、干辣椒 5 克、老抽 3 克、蚝油 5 克、海鲜酱 5 克、盐 25 克、色拉油 1.5 千克、味精 5 克、鸡精 5 克、糖 5 克、粗盐 250 克、少许红曲粉

二、工艺流程

1. 猪手一改二，出焯水，下油锅滑油至表皮起泡，捞出。
2. 锅中放油，加入葱姜、八角、花椒、干辣椒煸香，加入猪手，然后加入蚝油、海鲜酱、老抽、盐、味精、鸡精、糖、红曲粉、水调味。烧开后改小火煮 1 小时，捞出。
3. 烤箱打开温度升到 240 度，烤 8 分钟即可，取出改刀装盘。

三、成品标准

色泽油亮，表皮光滑，酱香醇厚，酥烂可口。

四、制作关键

1. 猪手要焯透水，下油锅皮要起泡。
2. 猪手颜色不宜过深，枣红最好。

五、创新亮点

此菜在卤水猪手的基础上用酱香的烧法加入海鲜酱、蚝油，使卤汁更加香浓，采用盐焗成熟方法，食之酥香。

六、营养价值与食用功效

此菜具有调节生理功能、补水、营养皮肤的功效，对骨质疏松、四肢疲乏等症有效，能够抗衰老，使皮肤细致光滑。猪手中含有较多的蛋白质、脂肪和碳水化合物，对于哺乳期妇女能起到催乳和美容的双重作用。

七、温馨小贴士

猪手可炖、煮、煲、烧、焖、焗等，味型多样，肉质松软，营养价值丰富，是老人、妇女和手术、失血者的食疗佳品。

卤味脆橘

此菜在热菜脆皮大肠的基础上改进。在红卤中加入干橘皮增香去异味，口味油而不腻，卤香可口。

一、原料

1. **主料**：猪肠头 500 克
2. **调料**：酱油 50 克、食盐 3 克、黄酒 1 大勺、八角 10 克、味精 3 克、花椒 5 克、桂皮 10 克、生姜 10 克、干橘皮 15 克、干辣椒 5 克、麦芽糖 50 克、大红浙醋 50 克

二、工艺流程

1. 先将肠子剪开洗干净，撒上盐搓洗干净。
2. 锅里放水，等水开后放入肠子，焯至肠子发白捞出。
3. 取高压锅放入肠子、香料及干橘皮、酱油、黄酒、食盐、生姜适量，盖盖上气后压 5 分钟。
4. 麦芽糖、大红浙醋加热，将大肠头浇上醋汁，晾干。
5. 晾干后大肠头下六成油锅炸脆改刀装盘即可。

三、成品标准

色红亮，油而不腻，外脆里软。

四、制作关键

1. 肠子要洗干净。
2. 香料要充足，去异味。
3. 肠皮要晾干，油温控制好。

五、创新亮点

此菜在热菜脆皮大肠的基础上改进。在红卤中加入干橘皮增香去异味，口味油而不腻，卤香可口。

六、营养价值与食用功效

此菜有润肠、润燥、补虚之功效，可用于治疗虚弱口渴、脱肛、痔疮、便血、便秘等症。肠性味甘、微寒，高血压、高血脂、糖尿病以及心脑血管疾病患者不宜多吃。

七、温馨小贴士

此原料可爆、炒、卤、红烧等，味型多样。北方有道名菜九转回肠，色泽红黑鲜明，味道浓厚；尖椒炒大肠，回味无穷。

热菜冷吃。

肉汁板栗

一、原料

1. **主料**：野板栗 300 克
2. **辅料**：五花肉 100 克、椰丝 5 克
3. **调料**：葱姜各 5 克、生抽 5 克、老抽 3 克、糖 5 克、色拉油 5 克、八角半颗、桂皮 3 克

二、工艺流程

1. 板栗去壳去皮，入 5 成热油锅炸 20 秒左右捞出，五花肉切厚片。
2. 锅上火，入色拉油，煸香五花肉，加入调料和野板栗，卤 10 分钟左右，冷却后装盘，撒上椰丝即可。

三、成品标准

板栗粉糯，卤香味浓。

四、制作关键

板栗过油后再卤，口感更好。

五、创新亮点

热菜冷吃。

六、营养价值与食用功效

栗子具有养胃健脾、补肾强筋、活血止血之功效。板栗中所含的丰富不饱和脂肪酸和维生素、矿物质，能防治高血压病、冠心病、动脉硬化、骨质疏松等疾病，是抗衰老、延年益寿的滋补佳品。

七、温馨小贴士

板栗可用于食品加工，烹调宴席和副食。板栗生食、炒食皆宜。糖炒板栗、板栗烧仔鸡，喷香味美；可磨粉，亦可制成多种菜肴、糕点、罐头食品等。板栗不仅含有大量淀粉，而且含有蛋白质、维生素等多种招牌营养素，素有"干果之王"的美称。栗子可代粮，与枣、柿子并称为"铁杆庄稼""木本粮食"，是一种价廉物美、富有营养的滋补品。

姜黄土鸡

主要突出了黑爪鸡原料的特色，采用多种香料烧制。

一、原料

1. **主料**：黑爪鸡1只（1300克）
2. **调料**：花椒盐50克、芝麻酱30克、姜末3克、蒜茸5克、味精3克、鸡精3克、八角2颗、草果2颗、香叶4片、香油5克、胡椒粉1克、辣椒油50克、花椒油5克、鲜汤75克

二、工艺流程

1. 将鸡用清水洗净，放入花椒盐腌4小时。
2. 在一容器内用辣椒油、香油将芝麻酱调散，再加入鲜汤及其他调料，经充分搅拌后，用保鲜膜将容器密封，然后上笼蒸20分钟，制成特制酱。
3. 锅内加底油，加入特制酱炒香，加入草果、香叶、八角等香料，放鸡，加水调味，装入砂煲内烧30分钟即成。

三、成品标准

皮脆肉嫩、香味浓郁、色泽金红，鸡肉滑嫩，口味独特。

四、制作关键

1. 原料选择一定要选黑爪鸡。
2. 在烧制过程要控制好火候，冷却后食用。

五、创新亮点

主要突出了黑爪鸡原料的特色，采用多种香料烧制。

六、营养价值与食用功效

鸡肉蛋白质的含量比例高，种类多，而且易消化，很容易被人体吸收利用，有增强体力、强壮身体的作用。鸡肉对营养不良、畏寒怕冷、乏力疲劳、月经不调、贫血、虚弱等有很好的食疗作用。

七、温馨小贴士

黑爪子的是土鸡，实际上，黑爪、白爪、黄爪只是鸡的品种，即便是长着黑爪子的黄羽鸡，如果关在笼里靠饲料催熟，一样不是土鸡。洋鸡、土鸡内行一眼就能看出来，毛色、鸡冠、鸡脚都不一样。养鸡场里的鸡常年关在笼子里，不见阳光，毛色会呈深红色。而放养的土鸡由于常在户外晒太阳，毛色偏淡。土鸡的鸡冠子更薄、脚脖子更细，不像洋鸡显得"肥头大耳"。

温拌海螺片

海螺略汆后，
热汁中加入青花椒与芥末油，
去腥提鲜。

一、原料

1. **主料**：海螺 2 只
2. **辅料**：广东菜心 150 克、红椒一只、柠檬片 6 片
3. **调料**：葱姜各 5 克、青花椒 10 克、蒸鱼豉油 10 克、味露 5 克、糖 5 克、老抽 3 克、芥末油 3 克、鸡精 2 克、色拉油 10 克

二、工艺流程

1. 广东菜心洗净，切成段，焯水冷透摆盘。
2. 海螺入开水锅中略煮，取出冲凉取肉。
3. 将螺肉片成薄片，放入柠檬片浸泡的冷开水中 5 分钟，然后取出放在广东菜心上。
4. 锅上火，煸葱姜，加入其他调料，煮 3 分钟后，乘热淋在海螺片上，撒上红椒丝，浇少许热油即可。

三、成品标准

花椒汁清香微麻，海螺爽口。

四、制作关键

海螺不能焯老，片要薄。

五、创新亮点

海螺略带腥味，热汁中加入青花椒与芥末油，去腥提鲜。

六、营养价值与食用功效

螺肉丰腴细腻，味道鲜美，素有"盘中明珠"的美誉。螺肉富含蛋白质、维生素和人体必需的氨基酸和微量元素，是典型的高蛋白、低脂肪、高钙质的天然动物性保健食品。

七、温馨小贴士

螺肉不宜与中药蛤蚧、西药土霉素同服；不宜与牛肉、羊肉、蚕豆、猪肉、蛤、面、玉米、冬瓜、香瓜、木耳及糖类同食；吃螺不可饮用冰水，否则会导致腹泻。

葱椒三黄鸡

采用新鲜的藤椒调味，使椒麻香味浓。

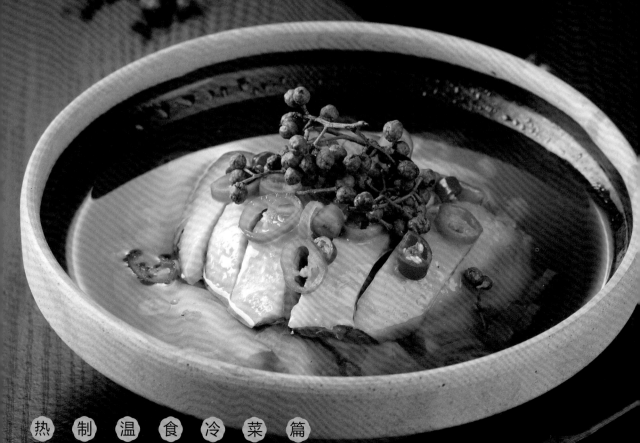

一、原料

1. **主料**：三黄鸡 1 只（约 1 300 克）
2. **辅料**：鲜藤椒 30 粒、小米辣 20 克
3. **调料**：盐 2.5 克、葱 100 克、姜 30 克、
   生抽酱油 75 克、鸡精少许、鸡汤
   300 克、香油 20 克

二、工艺流程

1. 三黄鸡经过去毛、开膛等初步加工后，
   洗净。锅中倒入 3 000 克清水，冷水时将
   鸡放入锅中，水沸后再煮 18 分钟左右鸡
   肉刚熟时捞出。
2. 将鸡肉放入冰水中凉透后取出，沥干水分。
   将鸡肉改刀斩成约 3~4 厘米长、1.4 厘米
   宽的块，码放在盘中。
3. 将花椒和极细的葱叶末盛入碗中，放入
   生抽酱油、盐、香油、鸡精、鸡汤调成
   椒麻味汁淋在鸡块上。
4. 小米辣切片和鲜藤椒一同放入鸡块上，
   用热油炸香即可。

三、成品标准

鸡呈淡黄色、口感鲜美、麻而不燥、鲜浓
入味。

四、制作关键

通常养鸡场的普通肉鸡很难做出理想的菜品
颜色，只有农家散养的土鸡，不管是蒸还是
煮，都会有淡淡的黄色。

五、创新亮点

采用新鲜的藤椒调味，使椒麻香味浓。

六、营养价值与食用功效

选用肉质较嫩的三黄鸡，经八角、香叶、桂皮、
陈皮、罗汉果、藤椒等香料卤制而成，口感
鲜美，麻而不燥，鲜浓入味，添加的大葱使
得该菜品又可以通阳活血、驱虫解毒、发汗
解表，在容易发生感冒的春季，食用鸡肉可
提高人体免疫力，防治感冒。

七、温馨小贴士

三黄鸡其原义是指黄羽、黄喙、黄脚的鸡，
此外还要求皮肤也是黄的，这种鸡肉质嫩滑，
皮脆骨软，脂肪丰满，味道鲜美。而现在所
称的三黄鸡，不再特指某一个品种，而是黄
羽优质肉鸡的统称。这类鸡包括很多品种，
分布也很广，主要有广东的三黄胡须鸡、清
远麻鸡、杏花鸡、中山沙栏鸡、阳山鸡、文
昌鸡、怀乡鸡，还有上海的浦东鸡、浙江的
萧山鸡、北京油鸡、福建莆田鸡、山东寿光
鸡等。这些三黄鸡深受中国内地和港、澳、
台地区以及东南亚各国的消费者欢迎。

千葱酱老豆腐

一、原料

1. **主料**：盐卤老豆腐 250 克
2. **辅料**：香葱头 200 克
3. **调料**：豆瓣酱 10 克、美极鲜酱油 5 克、
   白糖 5 克、葱 5 克、蚝油 3 克、
   熟白芝麻 5 克

二、工艺流程

1. 老豆腐沸水略煮后晾凉，改刀成条装入盘中。
2. 香葱头捣成茸，豆瓣酱略煸后加入调料成汁，与香葱头混合成香葱酱汁，乘热淋在老豆腐上即可。

三、成品标准

葱香浓郁，色泽酱红。

四、制作关键

葱茸要用钵捣出来最佳。

五、创新亮点

冷菜热吃，葱香味更浓。

六、营养价值与食用功效

豆腐健脑的同时，还能抑制胆固醇的摄入。大豆蛋白能显著降低血浆胆固醇、甘油三酯和低密度脂蛋白，不仅可以预防结肠癌，还有助于预防心脑血管疾病。豆腐高蛋白、低脂肪，有降血压、降血脂、降胆固醇的功效，是生熟皆可、老幼皆宜，养性摄生、益寿延年的美食佳品。

七、温馨小贴士

豆腐是我国炼丹家、淮南王刘安发明的绿色健康食品。时至今日，已有二千一百多年的历史，深受人们喜爱。发展至今，已品种齐全，花样繁多，具有风味独特、制作工艺简单、食用方便的特点。

麻婆汁冰仕菜

此菜冷菜热吃，冰生菜与热酱汁形成强烈的口感对比。

一、原料

1. **主料**：生菜 250 克
2. **辅料**：肉末 50 克
3. **调料**：葱姜蒜末各 5 克、豆瓣酱 5 克、老抽 3 克、糖 3 克、鸡精 2 克、红油 5 克、生粉 5 克

二、工艺流程

1. 生菜洗净用冰水激 5 分钟摆盘。
2. 将肉末炒熟加入调料制成麻婆汁，趁热淋在生菜上即可。

三、成品标准

生菜冰脆爽口，酱汁浓郁。

四、制作关键

生菜要用冰水激透。

五、创新亮点

此菜冷菜热吃，冰生菜与热酱汁形成强烈的口感对比。

六、营养价值与食用功效

生菜含有丰富的营养成分，其纤维和维生素 C 含量较高。具有镇痛催眠、降低胆固醇、辅助治疗神经衰弱、利尿、促进血液循环、抗病毒等作用。

七、温馨小贴士

此菜做法也适用其他可生吃的蔬菜。

什味香鸭

此菜先腌后烧，并采用啤酒、豆瓣酱、干椒作调料，风味香辣。

一、原料

1. **主料**：麻鸭1只1500克
2. **调料**：香料（八角2克、桂皮5克、花椒5克、茴香3克）、姜20克、葱30克、豆瓣酱20克、干辣椒10克、盐5克、味精2克、啤酒1瓶、老抽5克、辣椒粉5克、色拉油50克

二、工艺流程

1. 将鸭子初加工洗净，放入姜、葱、盐、料酒、老抽、花椒腌制。
2. 锅倒入油烧180℃，放入鸭子，炸至颜色酱红。再把豆瓣酱、姜、香料大火煸香，加入干辣椒，烧20分钟，再放入鸭子、老抽炒至上色，加入啤酒旺火烧沸，转入小火烧40分钟，用中火收稠即可。

三、成品标准

鸭肉酥香、烂而不腻、味道鲜辣。

四、制作关键

1. 鸭肉比较腥，所以去腥很重要，先用料酒腌制，再下油锅走油，加啤酒烧制。烧制时，花椒和干椒可以放多点，这样味道会更好。
2. 豆瓣酱比较咸，加盐的时候要酌情考虑。

五、创新亮点

此菜先腌后烧，并采用啤酒、豆瓣酱、干椒作调料，风味香辣。

六、营养价值与食用功效

麻鸭蛋白质与微量元素的含量是普通鸭子的几倍乃至几十倍，具有高蛋白、低脂肪等特点，对人体具有补虚乏、除寒热、滋阴、补肾健脾之奇效。

七、温馨小贴士

麻鸭是中国鸭类特产品种，或者叫本土品种，是中国最早驯化的鸭类之一。麻鸭名称源自这种鸭子羽毛上有灰褐色斑点。我国养殖麻鸭以江苏高邮和浙江绍兴最为著名，现在各地都有养殖。麻鸭蛋就是这种鸭子所产的蛋，像高邮咸鸭蛋驰名中国，关键就是用的麻鸭蛋。

香辣鱿鱼

此菜用卤汁的方法热制温食，风味独特，造型美观。

热 制 温 食 冷 菜 篇

一、用料

1. **主料**：鲜鱿鱼 500 克
2. **辅料**：葱、姜、蒜
3. **调料**：红曲粉 50 克、精盐 3 克、白糖 5 克、酱油 15 克、植物油 20 克、香料包 1 个（内装花椒、八角、桂皮、丁香、甘草各少许），香辣捞汁（自制红油 100 克、熟芝麻 50 克、花生酱 50 克、芝麻酱 50 克、鸡精 15 克、味精 15 克、生抽 70 克、陈醋 55 克、白糖 20 克、冷开水 160 克、本味淋 100 克）

二、工艺流程

1. 将鲜鱿鱼去掉须爪，撕去外膜，洗净，放入沸水中焯烫，捞出沥干。
2. 锅内放入植物油烧热，放入葱段、姜片、蒜片爆香，添汤加调料和香料包、红曲粉，烧开后煮 10 分钟，放入鱿鱼卤 2~3 分钟即可。
3. 把香辣捞汁的调料全部按比例称好放入盛器搅拌匀，倒入煮好的鱿鱼浸泡 10 分钟捞起，改刀装盘点缀，带上原汁上桌即可。

三、成品标准

色泽红润，鲜嫩脆爽，形状美观，卤味醇香，表面亮净。

四、制作关键

1. 鲜鱿鱼加工时要将黑膜去掉、洗干净。
2. 鲜鱿鱼焯水要透。
3. 要把握好香辣捞汁的香和辣的比例。

五、创新亮点

此菜用卤汁的方法热制温食，风味独特，造型美观。

六、营养价值与食用功效

鱿鱼富含蛋白质、钙、磷、铁、钾等，并含有十分丰富的诸如硒、碘、锰、铜等微量元素。此菜养血滋阴，补肝明目，具有润肠通便、祛火清热之功效，对身体虚弱、消瘦、高血压等症有效果。

七、温馨小贴士

此款捞汁还可以制作香辣捞汁牛百叶、香辣捞汁鸡块等。

Innovative
Cold Dish

中西结合冷菜篇

泡菜班戟

泡菜制作快捷，口味新颖，色泽亮丽。

一、原料

1. **主料**：包菜 150 克
2. **辅料**：越南春卷皮 2 张
3. **调料**：盐 5 克、泰国鸡酱 30 克

二、工艺流程

1. 抹少量冷开水于春卷皮，使其柔软。
2. 包菜切成丝，用盐、泰国鸡酱腌好入味，卷入越南春卷皮中。
3. 制作好的包菜卷切整齐后装盘。

三、成品标准

形状整齐，表面亮净，口感爽脆，酸辣适中。

四、制作关键

1. 调料与主料调拌要均匀。
2. 春卷皮抹水量控制恰当，以保持软硬适宜，形状完整。
3. 包菜腌渍后需适当控水，卷制迅速，卷紧包实。

五、创新亮点

泡菜制作快捷，口味新颖，色泽亮丽。

六、营养价值与食用功效

包菜营养丰富，被誉为百菜之王。传统中医认为，包菜性平、味甘、归脾胃经，可以益心力，壮筋骨，清热止痛，具有较好的抗氧化和衰老作用。

七、温馨小贴士

包菜又名卷心菜，选用牛心包菜口感更好。制作泡菜时加入脆性水果，口味更丰富。

「烹」盐烤虾

热香草盐作为菜品的热源，香草散发香味，使烤虾更具风味。而不薄，意蕴深远。

一、原料

1. **主料**：鲜虾 200 克
2. **辅料**：海盐 200 克、什香草 5 克、鲜玫瑰花 2 朵
3. **调料**：熏盐 5 克、玫瑰露酒 6 克、柠檬片 20 克、蒜汁 15 克、姜汁 10 克

二、工艺流程

1. 在熏箱中将香草叶和海盐熏热，使海盐吸附香草的香味，然后将香草、鲜花瓣混合，鲜虾清理去须。
2. 将调料混合，制成腌料，把鲜虾拌入腌料中腌制约 10 分钟。
3. 腌好的虾控净腌料，烤到半熟，用厨房用纸吸干水分。
4. 把半熟的虾架到有热盐的小钵中加热约 5 分钟至虾全熟后上桌。

三、成品标准

香味浓郁，色泽艳丽，味醇形整。

四、制作关键

1. 熏盐制作时控制时间。
2. 鲜虾需新鲜，定型。
3. 盐焗时注意原料表面不能有水气。

五、创新亮点

热香草盐作为菜品的热源，香草不断散发香味，使烤虾更具风味。香味淡而不薄，意蕴深远。

六、营养价值与食用功效

香草具有提神、安定功效，不同的香草可以给人带来不同的愉悦感受；虾类的补益作用和药用价值均较高。凡是久病体虚、气短乏力、饮食不思、面黄羸瘦的人，都可将它作为滋补和疗效食品。

七、温馨小贴士

运用不同的香草可以制作不同的香草盐，可以创造不一样的美味。

薄荷汁拌山药

山药味淡，蘸薄荷酱汁，味浓不腻，实为夏季精选菜肴。

一、原料

1. **主料**：铁棍山药 300 克
2. **辅料**：薄荷叶 10 克，沙拉酱 150 克，橄榄油 20 克
3. **调料**：盐 5 克，胡椒粉 1 克，牛奶 50 克

二、工艺流程

1. 山药去皮，切成段，上笼蒸熟，冷却备用。
2. 薄荷叶洗净加适量橄榄油用榨汁机制成鲜薄荷汁。
3. 薄荷汁加入沙拉酱中调整口味成薄荷色拉酱。
4. 装盘配薄荷沙拉酱。

三、成品标准

装盘简洁，酱汁浓度适中，口味新颖，香味浓郁。

四、制作关键

1. 酱汁调制浓度适宜。
2. 选择垆土铁棍山药口感更好。

五、创新亮点

山药味淡，蘸薄荷酱汁，味浓不腻，实为夏季精选菜肴。

六、营养价值与食用功效

山药，是一味平补脾胃的药食两用之品，也是糖尿病人的食疗佳品。山药含有大量的黏液蛋白，能有效阻止血脂在血管壁的沉淀，预防心血管疾病。

七、温馨小贴士

山药也可制成饮品，用来小炒也是很不错的。

鸡肉开拿批

用低温慢煮，保持了鸡肉鲜嫩的口感。

一、原料

1. **主料**：鸡胸肉 300 克、鸡蛋 1 个、面包粉 50 克、牛奶 50 克、淡奶油 100 克
2. **辅料**：青椒 10 克、红椒 10 克、鱼胶片 15 克
3. **调料**：胡椒粉 6 克、盐 12 克、白兰地 5 克

二、工艺流程

1. 青、红椒洗净，烫熟，切成细末。
2. 牛奶浸泡面包粉备用。
3. 鸡肉打成泥过细筛加入盐、胡椒粉搅上劲，拌入泡好的面包粉和青、红椒末。
4. 用保鲜纸卷鸡肉泥成型，并用锡纸包好定型，浸入 68℃的热水中约 90 分钟。
5. 取出鸡肉卷，冷却后改刀，刷鱼胶水装盘。

三、成品标准

肉质细腻，软嫩椒香，形状整齐。

四、制作关键

1. 鸡肉泥需过筛后调味。
2. 卷紧肉泥，用锡纸定型，控制好水温，防止鸡肉变型。

五、创新亮点

用低温慢煮，保持了鸡肉鲜嫩的口感。

六、营养价值与食用功效

常吃鸡肉可增强肝脏的解毒功能，提高免疫力，防止感冒和坏血病。鸡肉对营养不良、畏寒怕冷、乏力疲劳、月经不调、贫血、虚弱等有很好的食疗作用。

七、温馨小贴士

鸡肉制成肉泥，鸡肉营养更能被人体吸收。同样的烹饪方式也可制作鱼肉类菜品。

酥皮烟熏鳟鱼塔

烟鳟鱼与酥皮结合，一酥一软，口感独特，风味别具。

一、原料

1. **主料**：酥皮2张、烟鳟鱼150克
2. **辅料**：柠檬1只、酸豆5粒、鸡尾洋葱2粒
3. **调料**：盐2克、莳萝2克、淡味万字酱油10克、味极鲜酱油20克、海鲜酱油10克、糖5克、蒜泥5克、纯净水20克、红油5克，调成蒜香味汁

二、工艺流程

1. 烤箱温度调到220℃，酥皮烤至成熟。
2. 淡味万字酱油、味极鲜酱油、海鲜酱油、糖、蒜泥、纯净水、红油、调成蒜香味汁。
3. 烟鳟鱼切片，摆上酥皮装盘。

三、成品标准

面皮酥香，鱼肉柔软入味。

四、制作关键

1. 选用优级酥皮口感最佳，烤制时注意火候。
2. 按比例调配蒜味汁。

五、创新亮点

烟鳟鱼与酥皮结合，一酥一软，口感独特，风味别具。

六、营养价值与食用功效

熏制的鳟鱼味道鲜美，香嫩可口，还有滋补脾胃的功效。鳟鱼含有的一种不饱和脂肪酸，可以降低血脂，加强血液循环，还可以减少脂类毒素对血管壁的破坏，维持血管壁的弹性，从而有效地预防中风。

七、温馨小贴士

制作酥皮时，黄油作起酥油，效果最好。此类菜式还适用多种酱汁与菜品分离类菜肴。

碧绿鲜虾糕

把日式蛋卷的做法引用到中式冷菜中来，保持了日式蛋卷口感的同时增加了营养。

一、原料

1. **主料**：鸡蛋 200 克、青豆 60 克、鲜虾仁 50 克
2. **辅料**：木鱼花 5 克
3. **调料**：精盐 5 克、木鱼精 5 克、味淋 5 克、色拉油 100 克

二、工艺流程

1. 木鱼花加水煮开制成木鱼花清汤，冷却备用。
2. 青豆煮熟，粉碎制成豆泥备用。
3. 鸡蛋打散过筛，按蛋液与木鱼清汤 2:1 配比加入鲜虾仁、鲜豆瓣泥、盐、木鱼精调味，制成蛋卷胚司。
4. 用日式蛋锅把蛋卷胚司煎成蛋饼。
5. 改刀装盘。

三、成品标准

咸淡适中，形状整齐，松软多汁，造型美观。

四、制作关键

1. 制作豆泥时需保持豆泥色泽。
2. 制作蛋饼时蛋液与高汤的比例要准确。

五、创新亮点

把日式蛋卷的做法引用到中式冷菜中来，保持了日式蛋卷口感的同时增加了营养。

六、营养价值与食用功效

鸡蛋是最好的营养来源之一，含有人体生命过程中不可缺少的蛋白质。虾仁具有补肾益气、健胃的功效。搭配青豆，具有健脾益气、祛湿、抗癌的功效。

七、温馨小贴士

木鱼花是由比较珍贵的深海鲣鱼加工而成，不添加任何添加剂，是天然调味品，营养丰富。

低温油浸三文鱼

用低温的方式制作菜品，口感和味道都与传统成菜有明显差异。成菜后菜品更加细嫩、入味。

一、原料

1. **主料**：新鲜三文鱼 100 克
2. **辅料**：鲜百里香香草20克、橄榄油250克、柠檬1只、圣女果2只、鸡尾洋葱2粒
3. **调料**：盐5克、胡椒粉2克

二、工艺流程

1. 三文鱼去皮去刺，用盐、胡椒粉腌渍。
2. 鲜百里香叶浸入橄榄油中一周制成香草油（提前制作）。使用时将油加热到68摄氏度备用。
3. 腌好的三文鱼浸入热油中40分钟。
4. 取出三文鱼，冷却、沥净油装盘，淋柠檬汁，并用圣女果、鸡尾洋葱装饰。

三、成品标准

色泽艳丽，口感软嫩、入味。

四、制作关键

浸制时时间一定要足够长，确保原料成熟。

五、创新亮点

用低温的方式制作菜品，口感和味道都与传统成菜有明显差异。成菜后菜品更加细嫩、入味。

六、营养价值与食用功效

香草本身能够散发出清淡浓郁的香味，有提神功效。香草挥发的香气能够调节人体的中枢神经，有益于人体的健康。三文鱼可以有效地预防糖尿病，可以缓解贫血，有利于生长发育，还可以减少脂类毒素对血管壁的破坏，维持血管壁的弹性。

七、温馨小贴士

此法也可用于制作畜肉类菜品，但加热时的温度和加热时间要做适当调整。

秋葵刺身拼盘

秋葵与海鱼拼配，丰富了营养，提升饮食健康理念。

一、原料

1. **主料**：海鲈鱼 300 克、秋葵 150 克、鲜三文鱼 200 克、法式鹅肝 60 克、北极贝适量
2. **辅料**：干冰、花卉、碎冰适量，柠檬 1 只，芭蕉叶 1 张
3. **调料**：青芥末 2 小匙、刺身酱油 100 克

二、工艺流程

1. 海鲈鱼去骨切成片，三文鱼、北极贝洗净切片，秋葵烫熟后冰镇备用。
2. 在盘中铺上碎冰。摆放各种食材，用调料蘸食。

三、成品标准

色彩亮丽，造型美观，清洁卫生。

四、制作关键

1. 优选食材。
2. 摆放时要遵循美学原则，多种原料相拼需搭配和谐。

五、创新亮点

秋葵与海鱼拼配，丰富了营养，提升饮食健康理念。

六、营养价值与食用功效

秋葵的黏性物质，可促进胃肠蠕动，助消化，益肠胃。因秋葵含有水溶性果胶与黏蛋白，能减缓糖分吸收、减低人体对胰岛素的需求，抑制胆固醇吸收，能改善血脂，排除毒素；秋葵中的某些果胶、多糖也有护肝功效。另研究发现，黄秋葵中富含黄酮（比大豆子叶中所含黄酮高 300 倍左右）以及丰富的维生素 C 和可溶性纤维，不仅对皮肤具有保健作用，且能使皮肤美白、细嫩，具有调节内分泌、抗衰老等功效。

七、温馨小贴士

原料一定要新鲜，秋葵食用方式多样，也可以与一些海鲜火锅拼配。

法派鲑鱼冻

鲜鲑鱼的鲜美与鸽蛋鱼子相结合，香鲜浓淡两相宜。

一、原料

1. **主料**：鲜鲑鱼 300 克
2. **辅料**：鲜鸽蛋 4 只、鱼胶片 4 片、黑鱼子 20 克、鱼清汤 200 克、法香 10 克
3. **调料**：盐 5 克、胡椒粉 1 克、雪利酒 5 克

二、工艺流程

1. 鱼胶片泡软，融入鱼汤中，用盐、胡椒粉、雪利酒调味。鲜鲑鱼切成片，用盐略腌渍；鸽蛋制成水波蛋并去掉水波蛋裙边备用。
2. 先将鱼汤倒入模具中，放入冰箱冷却凝固作底坯。
3. 分层加入法香、鸽蛋、鱼子、三文鱼，然后逐个将鱼汤倒入模具中。
4. 鱼胶凝结后脱模装盘。

三、成品标准

造型完整，层次分明，口感适中，排列整齐。

四、制作关键

1. 鱼汤与鱼胶比例适中，成型时要分层制作，不可心急。
2. 煮汤时要保持汤汁清澈。

五、创新亮点

鲜鲑鱼的鲜美与鸽蛋鱼子相结合，香鲜浓淡两相宜。

六、营养价值与食用功效

鲜鲑鱼具有补气血、益脾胃的滋补功效，适宜体质衰弱，虚劳羸瘦，脾胃气虚，饮食不香，营养不良之人食用；老幼、妇女、脾胃虚弱者尤为适合。对于贪恋美味、想美容又怕肥胖的女士是极佳的选择。

七、温馨小贴士

鲜鲑鱼也可以换成西兰花、菌菇等，可以达到相同造型与营养效果。

椰香咖喱意面

一、原料

1. **主料**：蝴蝶造型意面 100 克
2. **辅料**：青豆 30 克、圣女果 100 克、鸡清汤 200 克
3. **调料**：精盐 5 克、椰汁 50 克、椰子油 5 克、三花淡奶 25 克、泰式咖喱粉 10 克

二、工艺流程

1. 意面、青豆煮熟冷却备用。
2. 椰汁加鸡汤煮开加泰式咖喱粉小火煮 10 分钟，加入三花淡奶，调节浓度，并加盐调味，最后加少量椰子油制成椰香咖喱汁。
3. 咖喱汁拌匀意粉、青豆、圣女果，装盘即可。

三、成品标准

颜色鲜艳，排列整齐，口味咸鲜，椰香浓郁。

四、制作关键

1. 适当调节咖喱汁浓度。
2. 意粉煮制时要注意成熟即可，不能影响成品质感。

五、创新亮点

意面形式多样，可点可菜，用蝴蝶造型意面很受时尚顾客喜爱。

六、营养价值与食用功效

意面含有丰富蛋白质和复合碳水化合物。这种碳水化合物在人体内分解缓慢，不会引起血糖迅速升高。因此，意面还被用来调控糖尿病患者的饮食。

七、温馨小贴士

青豆也可以换成其他菌类，营养更丰富。

菜点结合冷菜篇

青南瓜醉鱼

醉鱼和青南瓜搭配，本身就是一种创新，荤素搭配。

一、原料

1. **主料**：青鱼 1 条
2. **辅料**：青南瓜 300 克、白酒 10 克、酒糟 20 克、白糖 30 克
3. **调料**：精盐 9 克、花椒 3 克

二、工艺流程

1. 将花椒和盐按 1:3 比例炒香。
2. 青鱼宰杀，洗净，改刀成半片，用花椒盐腌制，使之有底味。
3. 青南瓜也改刀成厚块。
4. 用酒糟、白酒、糖调出糟汁，将青鱼和青南瓜放入糟汁内浸泡 12 小时。
5. 将酒糟洗净，青鱼和南瓜蒸熟，分别摆盘即可。

三、成品标准

糟香浓郁，鱼肉鲜香，青南瓜口感清甜，含淡淡的酒香味。

四、制作关键

蒸制时，要用保鲜膜封住后再蒸，防止酒香挥发。

五、创新亮点

醉鱼和青南瓜搭配，本身就是一种创新，荤素搭配。

六、营养价值与食用功效

青鱼富含核酸，食之可滋养细胞，增强体质，延缓衰老。青鱼所含锌、硒等微量元素，有助于防癌、抗癌。南瓜的营养成分较全，营养价值也较高。南瓜不仅营养丰富，而且长期食用还具有保健和防病治病的功能。

七、温馨小贴士

南瓜蒸制时，不可太烂，否则不成形。

三丝凉皮卷

此菜在凉皮卷的基础上，强调三种色泽搭配，配三种不同口味的酱料，选择推广面大。

一、原料

1. **主料**：凉皮 100 克
2. **辅料**：胡萝卜50克、黄瓜50克、木耳50克、熟鸡丝 50 克
3. **调料**：辣椒酱 10 克、芝麻酱 10 克、番茄酱 50 克

二、工艺流程

1. 凉皮切方形铺开，下热水锅烫一下，胡萝卜、黄瓜、木耳切丝。
2. 凉皮卷起三丝，码盘。
3. 调料拌匀，随之上桌，蘸食或浇面食用。

三、成品标准

色泽透明，形状均匀，清爽可口。

四、制作关键

1. 凉皮要卷紧。
2. 三丝要摆放均匀整齐。

五、创新亮点

此菜在凉皮卷的基础上，强调多种色泽搭配。配三种不同口味的酱料，选择推广面大。

六、营养价值与食用功效

凉皮健脾，和胃。冬天吃能保暖，夏天吃能消暑，春天吃能解乏，秋天吃能去湿，四季皆宜，是不可多得的天然无公害减肥食品。此菜清爽、可口、生津，富含维生素及纤维，美容养颜塑身。

七、温馨小贴士

此菜可做生拌、熟拌、炖、炒等多种口味，营养价值丰富。

生菜蒜茸包

此菜在凉拌生菜的基础上，加入蒜蓉面包，菜点结合，营养美味，汁多醇厚。

一、原料

1. **主料**：生菜心 30 克、法棍一根、法香 10 克
2. **辅料**：圣女果 15 克、核桃 10 克
3. **调料**：蒜泥 20 克、黄油 15 克、鸡精 20 克、盐 10 克、柱候酱 100 克、白糖 10 克

二、工艺流程

1. 法棍切厚片备用，法香切碎，锅中加黄油倒入蒜泥，炒香捞出，放入法香末，搅拌均匀。
2. 黄油、蒜泥、法香涂在切好的法棍上，放到烤箱烤，230 度烤 8 分钟，金黄即可。
3. 锅中放油，加柱候酱、盐、鸡精调好汁。
4. 生菜洗净装盘，撒上圣女果、核桃，再浇上柱候酱的卤汁，把烤好的法棍放在周围即可。

三、成品标准

色泽金黄，脆香爽口，汁浓味美。

四、制作关键

1. 烤制涂了蒜泥的法棍时，烤箱温度要控制好，时间不宜过长，色泽金黄为好。
2. 生菜选用菜心。

五、创新亮点

此菜在凉拌生菜的基础上，加入蒜蓉面包，菜点结合，营养美味，汁多醇厚。

六、营养价值与食用功效

生菜中含有丰富的微量元素和膳食纤维素，有钙、磷、钾、钠、镁及少量的铜、铁、锌。此菜活血补脑，增肌补心，抗癌，防衰老。另外，生菜可清除血液中的垃圾，具有血液消毒和利尿作用，还能清除肠内毒素，防止便秘。

七、温馨小贴士

生菜色泽青绿，味道爽口清新；核桃补脑，益气养生。

酱汁南瓜面

此菜在炸酱面的基础上创新：首先换成南瓜面，更具营养；其次冷吃，口感更加爽滑。

一、原料

1. **主料**：面粉 500 克、南瓜 500 克
2. **辅料**：五花肉 50 克、豆腐干 20 克、虾米 20 克、黄瓜 20 克、香菇 10 克、大蒜 2 瓣
3. **调料**：食用油 30 克、酱油 5 克、豆瓣酱 10 克、甜面酱 5 克、白糖 5 克、鸡精 2 克、红油 5 克

二、工艺流程

1. 南瓜去皮去籽，切成小块上锅蒸熟，待冷却后压制成南瓜泥。取适量面粉和南瓜泥放入盆中，加少许盐，揉成光滑的面团，盖上保鲜膜饧发 20~30 分钟。饧好的面团分成小块，放在压面机上压成薄厚均匀的面片，切成面条待用。
2. 五花肉切丁，虾米泡软，香菇泡软，去蒂切丁，豆腐干、大蒜洗净切末，黄瓜洗净切丝。
3. 锅中倒入油，烧至五成热，爆香大蒜末，放入猪肉丁、香菇丁、虾米、豆腐干及豆瓣酱、甜面酱拌炒，加入酱油、水、白糖和红油焖炸至出味，做成酱料。
4. 把面条煮熟，捞出盛入冰水中晾凉，加入酱料及黄瓜丝，拌匀即成。

三、成品标准

南瓜面色泽诱人，劲道爽滑，酱料香浓。

四、制作关键

1. 和面时，南瓜泥可分次放，避免加多，无需额外加水和面。
2. 面条煮熟后，须用冰水激透。

五、创新亮点

此菜在炸酱面的基础上创新：首先换成南瓜面，更具营养；其次冷吃，口感更加爽滑。

六、营养价值与食用功效

面粉富含蛋白质、碳水化合物、维生素和钙、铁、磷、钾、镁等矿物质，有养心益肾、健脾厚肠、除热止渴的功效。南瓜面条易于消化吸收，有改善贫血、增强免疫力、平衡营养吸收等功效，还有预防动脉硬化、化结石等作用。

七、温馨小贴士

炸酱面，最初是源自于老北京思铭吴胡同一家专门以面条为主的老字号面馆，在传遍大江南北之后便被誉为"中国十大面条"之一，流行于北京、天津、河北、辽宁、吉林等北方地区，由菜码、炸酱拌面条而成。将黄瓜、香椿、豆芽、青豆、黄豆切好或煮好，做成菜码备用。然后做炸酱，将肉丁及葱姜等放在油里炒，再加入黄豆制作的黄酱或甜面酱炸炒，即成炸酱。面条煮熟后，捞出，浇上炸酱，拌和即成炸酱面。也有面条捞出后用凉水浸洗再加炸酱，称"过水面"。

烤鸭皮蔬菜卷

荤素搭配，解腻又清口，营养互补。

一、原料

1. **主料**：凉皮 350 克、烤鸭皮 200 克
2. **辅料**：苦菊 100 克、紫生菜 50 克
3. **调料**：卡夫奇妙酱 40 克、蜂蜜 10 克

二、工艺流程

1. 将苦菊和生菜洗净，烤鸭皮片成 1 厘米宽、4 厘米长的片。
2. 凉皮改刀成长条，摊开卷上生菜、苦菊和烤鸭皮，卷好后，封口刷上卡夫奇妙酱，整齐地装盘。
3. 将卡夫奇妙酱和蜂蜜和匀，用小蝶盛起，跟碟上桌即可。

三、成品标准

入口清香、饱满，烤鸭肥润。

四、制作关键

烤鸭片皮时，可带肉一起片下。

五、创新亮点

荤素搭配，解腻又清口，营养互补。

六、营养价值与食用功效

凉皮性平、甘，温肺、健脾、和胃，冬天吃能保暖，夏天吃能消暑，春天吃能解乏，秋天吃能去湿，真可谓是四季皆宜的、天然绿色无公害减肥食品。苦菊具有抗菌、解热、消炎、明目等作用。

七、温馨小贴士

此菜要轻拿轻放，且当顿做，当顿用，否则，鸭皮的脆感会受到影响。烤鸭皮胆固醇含量较高，不宜多吃。

越式虾仁包

菜点结合冷菜篇

一、原料

1. **主料**：虾仁 80 克
2. **辅料**：青豆 50 克、冬笋 50 克、胡萝卜 50 克、
   越南凉皮 3 张、鱼子酱 5 克
3. **调料**：盐 5 克、美极鲜酱油 5 克、糖 2 克、
   鸡精 2 克、葱姜各 5 克

二、工艺流程

1. 虾仁上浆，冬笋、胡萝卜切丁，与青豆
   一起炒制成馅料。
2. 凉皮泡软，包好冷却后的馅料摆盘。
3. 调料混合成汁，跟碟上桌即可。

三、成品标准

色彩丰富，清爽可口。

四、制作关键

包馅料时手法要轻，不能破皮。

五、创新亮点

组配新颖，热菜冷吃。

六、营养价值与食用功效

虾营养丰富，所含蛋白质是鱼、蛋、奶的几
倍到几十倍；还含有丰富的钾、碘、镁、磷
等矿物质及维生素 A、氨茶碱等成分，且其
肉质松软，易消化，对身体虚弱以及病后需
要调养的人是极好的食物。

拌百叶卷

食材新颖，加盐卤百叶卷食，口感更好。

一、原料

1. **主料**：水晶牛冲片 250 克
2. **辅料**：京葱 150 克、盐卤百叶 200 克、黄瓜 150 克
3. **调料**：黄椒酱 20 克、白酱油 5 克、糖 5 克、鸡精 2 克

二、工艺流程

1. 水晶牛冲片用开水略烫，入冰水中泡凉。
2. 京葱、黄瓜洗净切丝，盐卤百叶切成 8 厘米左右正方片，调料混合成酱料。
3. 所有原料装盘摆放即可。

三、成品标准

形状美观，口感爽脆。

四、制作关键

牛冲片须用冰水激透，口感爽脆。

五、创新亮点

食材新颖，加盐卤百叶卷食，口感更好。

六、营养价值与食用功效

牛冲富含雄激素、蛋白质、脂肪，可补肾扶阳，主治肾虚阳痿、遗精、腰膝酸软等症。牛冲富含胶原蛋白，也是女性美容助颜首选之佳品。

七、温馨小贴士

牛冲，即牛鞭，其胶原蛋白含量高达 98%，是女性美容驻颜首选之佳品。作为一种珍贵进补之食，牛鞭在全世界广泛受到欢迎，在各餐饮场所，也是炙手可热的一道美食。

五福羊肚卷饼

此菜在拌五毒的基础上加入羊肚丝与薄饼卷食，增加了口味与口感

一、原料

1. **主料**：羊肚一个
2. **辅料**：京葱 50 克、嫩姜 50 克、青蒜 50 克、青红辣椒各 50 克、香菜 50 克、薄饼 10 张
3. **调料**：精盐 5 克、白糖 5 克、米醋 10 克、香油 5 克

二、工艺流程

1. 羊肚洗净入开水锅中煮透，晾凉后切细丝。
2. 将所有辅料分别洗净，切成细丝后用水浸泡约 10 分钟，再将水分沥干备用。
3. 将所有调料拌均匀，再加入所有材料一起拌均匀，略腌入味即可带上薄饼装盘上桌食用。

三、成品标准

此菜口味爽辣冲，开胃下酒。

四、制作关键

1. 需用徐州地产米醋。
2. 喜欢吃重口味的，在流程 2 时，材料不需泡水，直接与调味料拌匀食用即可。

五、创新亮点

此菜在拌五毒的基础上加入羊肚丝与薄饼卷食，增加了口味与口感，营养更好。

六、营养价值与食用功效

羊肚补虚、健脾胃。治虚劳羸瘦、不能饮食、消渴、盗汗、尿频。适宜胃气虚弱、反胃、不食以及盗汗、尿频之人食用，尤适宜体质羸瘦、虚劳衰弱之人食用。

七、温馨小贴士

拌五毒是徐州特色菜肴，是味浓又猛的下酒菜，适合在夏季食用。

红豆糯米藕

此菜在传统的桂花糖藕的基础上，加入红豆，口感和营养更加丰富。

一、原料

1. **主料**：莲藕 1 000 克
2. **辅料**：糯米 150 克、红豆 50 克
3. **调料**：桂花 20 克、红糖 100 克、红曲米 40 克

二、工艺流程

1. 将糯米和红豆洗净，提前一晚上用清水浸泡，将莲藕一头切开（留藕头），洗净。
2. 将糯米与红豆和匀，灌入莲藕中，酿实，用牙签将藕头部嵌死。
3. 不锈钢桶内放入竹垫，摆放好藕节、红曲米袋，加水、红糖，大火烧开，小火焖煮 3~4 小时，至莲藕酥烂。
4. 将部分汤汁取出，加入桂花，大火收汁，浇在莲藕上即可。

三、成品标准

色泽枣红色，靓丽，卤汁黏稠，淡淡的桂花香味。

四、制作关键

糯米和桂花一定要提前泡透，否则莲藕会被撑破。

五、创新亮点

此菜在传统的桂花糖藕的基础上，加入红豆，口感和营养更加丰富。

六、营养价值与食用功效

莲藕有养胃滋阴、活血化瘀的功效，性温味甘，搭配能健脾开胃的糯米和益血补心的红豆，有健脾养胃、美容养颜的功效。

七、温馨小贴士

煮制时，火候一定要到位，使莲藕内的粗纤维全部转化为淀粉状。

Innovative
Cold Dish

素食荤做冷菜篇

千果素脆鳝

用鲜橙来体现酸味，很别致。

一、原料

1. **主料**：干香菇 100 克
2. **辅料**：生姜 30 克、鲜橙子一个、杏仁片 30 克
3. **调料**：生抽 8 克、老抽 2 克、白糖 25 克、
   香醋 6 克

二、工艺流程

1. 香菇泡软，用剪刀沿着边缘剪成长条。
2. 生姜切成细丝。
3. 香菇丝拍粉，下油锅中炸至香酥，捞出。
4. 锅内加水、生抽、老抽、白糖、香醋、
   挤出的鲜橙汁，调成汁，下入香菇丝，
   快速翻炒，摆盘，撒上杏仁片，点缀上
   姜丝即可。

三、成品标准

入口酥脆，香甜，光亮。

四、制作关键

炸制香菇丝很关键，要炸酥，且不能炸焦。

五、创新亮点

用鲜橙来体现酸味，很别致。

六、营养价值与食用功效

香菇是具有高蛋白、低脂肪、多种氨基酸和
多种维生素的菌类食物，具有提高机体免疫
功能、延缓衰老、防癌抗癌、降血压、降血脂、
降胆固醇等功效。香菇还对糖尿病、肺结核、
传染性肝炎、神经炎等起治疗作用，又可用
于治疗消化不良、便秘等。

七、温馨小贴士

切姜丝时，要顺丝才能切细。

时尚创意冷菜

陈皮牛肉丝

茶树菇撕成细丝，炸制后形、色近似于牛肉丝，口味独特。

一、原料

1. **主料**：鲜茶树菇 500 克
2. **辅料**：鲜橙皮 25 克
3. **调料**：陈皮 20 克、干辣椒 3 只、花椒 0.5 克、蒜茸 8 克、姜米 5 克、酱油 15 克、精盐 3 克、香醋 0.5 克、白糖 35 克、味精 2.5 克、红油 20 克、花生油 500 克（实耗 25 克）

二、工艺流程

1. 将鲜茶树菇菇柄手撕成细丝，鲜橙皮去瓤切成细丝，陈皮、干辣椒切成丝待用。
2. 把锅烧热，滑锅后，放生油至七成热时，将鲜茶树菇倒入，炸至外表略脆时捞出。
3. 锅内留余油，投入干辣椒、陈皮煸出香味，速放花椒、蒜茸、姜米炒一下，加酱油、糖、醋、盐，并下茶树菇丝，拌匀后大火收干卤汁，淋入红油装盆放入鲜橙皮丝即成。

三、成品标准

色泽红亮，质地酥软，麻辣回甜，陈皮味香。

四、制作关键

1. 炸茶树菇丝时要注意掌握火候，不能把丝炸焦。
2. 收汁时汁应收干。

五、创新亮点

茶树菇撕成细丝，炸制后形、色近似于牛肉丝，口味独特。

六、营养价值与食用功效

茶树菇含有人体所需的 18 种氨基酸，有清热、平肝、明目的功效，可以补肾、利尿、渗湿、健脾、止泻，还具有降血压、抗衰老和抗癌的特殊功能。陈皮有行气健脾、降逆止呕的作用，与维生素 C、维生素 K 并用，能增强消炎作用。

七、温馨小贴士

不适宜人群：骨质疏松、久病体虚人群。
食用禁忌：霉变的茶树菇不可食用。

素烧鸭

选用新鲜的金针菇及青笋丝做馅料，口感更可口。此菜外形似烤鸭脯，装盘效果更显时尚。

一、原料

1. **主料**：豆腐皮 400 克
2. **辅料**：鲜金针菇 100 克、青笋丝 50 克
3. **调料**：蚝油 8 克、酱油 15 克、白糖 8 克、鸡精 7 克

二、工艺流程

1. 青笋去皮洗净切丝，用盐腌制调味。
2. 鲜金针菇初加工后洗净焯水，调味拌匀。
3. 豆腐皮用湿毛巾浸软，将以上两种丝卷起，封好口，用牙签封住，入锅中煎至两面金黄色。
4. 锅中加色拉油、用葱煸香，加汤汁，调味，加豆腐皮卷，小火燋制，收稠浓汁即可。

三、成品标准

口感鲜香，回甜。

四、制作关键

素菜荤做，有油润感。

五、创新亮点

选用新鲜的金针菇及青笋丝做馅料，口感更可口。此菜外形似烤鸭脯，装盘效果更显时尚。

六、营养价值与食用功效

豆腐皮中含有丰富的优质蛋白，营养价值较高，有清热润肺、止咳消痰、养胃等功效。木耳有润肺补脑、补血活血等功效，是天然的滋补剂。青笋味甘、微寒，具有清热利尿、增进食欲、宽肠通便、通经下乳等功效。

七、温馨小贴士

经典传统菜，口感绝佳。

糖醋素排

素菜荤做，造型逼真。

一、原料

1. **主料**：水洗面筋 100 克、鲜藕 200 克
2. **调料**：番茄酱 6 克、糖 15 克、盐 3 克、香醋 10 克、淀粉 5 克、葱姜末各 5 克、香油 5 克、色拉油 750 克

二、工艺流程

1. 将面粉加水、盐揉成面团，用湿毛巾盖着稍醒片刻。
2. 用冷水搓洗面团，洗出水面筋。将鲜藕洗净去皮，去掉两头，切成小长条（长 × 宽 × 厚 =3cm×1cm×0.5cm）备用。
3. 把现洗好的面筋用手拉开，缠在藕上，露出两头。
4. 锅中放油，放入素排骨生胚炸到面筋起泡上色为止，捞出（即为素排骨）。
5. 炒锅上火放少许色拉油烧热，加入葱姜煸香，放入盐、糖、酱油、香醋调味等卤汁熬稠后把炸好的素排骨放进锅，淋入香油翻炒拌匀出锅，冷却后装盘即可。

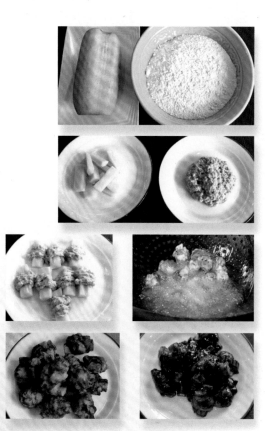

三、成品标准

外观、味道均像荤排骨一样，酸甜可口。

四、制作关键

1. 应选用现洗自制水面筋。
2. 水面筋缠裹藕条时要将藕条拌上淀粉并缠紧，以防脱落。

五、创新亮点

素菜荤做，造型逼真。

六、营养价值与食用功效

水面筋的营养成分尤其是蛋白质含量，高于瘦猪肉、鸡肉、鸡蛋和大部分豆制品，属于高蛋白、低脂肪、低糖、低热量食物。藕的药用价值相当高，能开胃清热，滋补养性，有健脾开胃、益血生肌、止泻散瘀的功效。

七、温馨小贴士

1. 面筋是一种植物性蛋白质，有麦胶蛋白质和麦谷蛋白质组成。将面粉加入适量水、少许食盐，搅匀上劲，形成面团，稍后，用清水反复搓洗，把面团中的活粉和其他杂质全部洗掉，剩下的即是面筋，将洗好的面筋投入沸水锅内煮 80 分钟至熟，即是"水面筋"。
2. 藕可生食，烹食，捣汁饮，或晒干磨粉煮粥。食用莲藕要挑选外皮呈黄褐色、肉肥厚而白的。如果发黑，有异味，则不宜食用。煮藕时忌用铁器，以免引起食物发黑，没切过的莲藕可在室温中放置一周的时间，但因莲藕容易变黑，切面孔的部分容易腐烂，所以切过的莲藕要在切口处覆以保鲜膜，冷藏保鲜一个星期左右。
3. 素排骨也可用豆腐果加胡萝卜等食材制作。

时尚创意冷菜

寸金蛋酥

用鸡蛋液做菜，形式别致，成形美观，长条的蛋酥有规则地叠放，整齐协调。

一、原料

1. **主料**：鸡蛋 25 个
2. **调料**：白糖 550 克

二、工艺流程

1. 将鸡蛋打成蛋液，加入白糖搅拌使之溶化。
2. 锅内放油烧至四成热，将搅拌好的蛋液慢慢倒入油内炸成金黄色，捞起沥油，放入法兰盘内挤压成型即成。
3. 将熟黑芝麻压在蛋酥上。

三、成品标准

入口酥香、甜润，黑芝麻既是点缀，也增加香味。

四、制作关键

1. 盘内要垫入吸油纸，防止含油量过多。
2. 挤压成型时，一定要压紧，防止改刀时刀面不平整。

五、创新亮点

用鸡蛋液做菜，形式别致，成形美观。长条的蛋酥有规则地叠放，整齐协调。

六、营养价值与食用功效

鸡蛋中含有丰富的 DHA 和卵磷脂等，对神经系统和身体发育有很好的作用，能健脑益智，提高免疫力，避免老年人智力衰退并可改善各个年龄组的记忆力。

七、温馨小贴士

血脂偏高和患有胆囊炎的人要控制其摄入量。

冰镇素鲍片

形状口味酷似鲍鱼，带冰上，口感

素食荤做冷菜篇

一、原料

1. **主料**：白灵菇 400 克
2. **辅料**：碎冰 1 000 克
3. **调料**：卤水配方：毛汤 1 000 克、葱姜各
   10 克、八角 10 克、桂皮 10 克、砂
   仁 15 颗、白芷 10 克、党参 10 克、
   当归 5 克、罗汉果 1 个、美极鲜 20 克、
   腐乳汁 15 克、红曲米 20 克、老抽
   8 克、糖 15 克、陈皮 5 克、草果 3 颗、
   良姜 8 克、芝麻酱 20 克、盐 5 克

   调味汁：高汤 100 克、鲍鱼汁 10 克、美极
   鲜 5 克、糖 5 克、蚝油 5 克、葱油
   5 克

二、工艺流程

1. 白灵菇洗净，入开水锅中焯水 5 分钟捞出，
   修成鲍鱼形状。
2. 调制卤水，放入白灵菇，小火卤制 3 小
   时左右捞出晾凉。
3. 白灵菇切薄片摆盘，调味汁跟碟上桌。

三、成品标准

形态逼真，色泽诱人，鲜香味浓。

四、制作关键

1. 白灵菇可在卤水中多泡几个小时。
2. 如有冰雕，造型更佳。

五、创新亮点

形状口味酷似鲍鱼，带冰上，口感冰爽。

六、营养价值与食用功效

白灵菇具有一定的医药价值，有消积、杀虫、
镇咳、消炎和防治妇科肿瘤等功效。一般人
皆可食用，尤适宜患胃病、伤寒、高血压、
动脉硬化、儿童佝偻病、软骨病、中老年骨
质疏松病等症人群。白灵菇的药用价值很高，
它含有真菌多糖和维生素等生理活性物质及
多种矿物质，具有调节人体生理平衡、增强
人体免疫功能的作用。

七、温馨小贴士

白灵菇又名翅鲍菇、百灵芝菇、克什米尔神
菇、阿魏蘑、阿威侧耳、阿魏菇、雪山灵芝、
鲍鱼菇。白灵菇肉质细嫩，味美可口，具有
较高的食用价值，被誉为"草原上的牛肝菌"
和侧耳，颇受消费者的青睐。

烟熏火腿丝

有淡淡的烟熏味，将分子美食的技术嫁接到冷菜制作当中，创意甚佳。

一、原料

1. **主料**：茶树菇 150 克、鸡腿菇 75 克、杏鲍菇 75 克
2. **辅料**：熏枪一个
3. **调料**：意大利红酒 6 克、醋 4 克、蚝油 7 克、糖 5 克、味精 4 克、鸡粉 5 克、葱油 10 克

二、工艺流程

1. 茶树菇手撕成丝，鸡腿菇、杏鲍菇切成丝。
2. 将三菇丝入油锅炸至干香，用吸油纸吸干油，加调味料焖制入味即可。
3. 用熏枪加玫瑰花粉烧好后，将三菇熏一下即可装盘。
4. 配上调味汁：意大利红酒、醋、蚝油、糖、味精、鸡粉、葱油。

三、成品标准

三菇丝入口鲜香，有回味，蘸调味汁吃味道绝佳。

四、制作关键

炸制三菇丝很关键，要炸酥，且不能炸焦。

五、创新亮点

有淡淡的烟熏味，将分子美食的技术嫁接到冷菜制作当中，创意甚佳。

六、营养价值与食用功效

此道菜中的三菇属于食用菌类，食用菌的特点为高蛋白、低脂肪、多膳食纤维、多维生素、多矿物质等，其中含有的多种营养成分具有调节人体新陈代谢、降压降脂、抗肿瘤、抗病毒、抗辐射、抗衰老、防治心血管病、保肝、健胃、减肥等功效，现被称为长寿食品。

七、温馨小贴士

三菇丝炸好后，吸去油脂也很关键，不能有油腻感，同时，蘸上调味汁，口感更佳。

时果肉松

素食荤做冷菜篇

一、原料

1. **主料**：豆腐渣 400 克
2. **辅料**：西瓜 50 克、哈密瓜 50 克、薄饼 10 张
3. **调料**：蚝油 10 克、料酒 5 克、五香粉 6 克、生抽 5 克、老抽 3 克、白糖 4 克、精盐 3 克

二、工艺流程

1. 豆腐渣用纱布挤去水分备用。
2. 将豆渣倒入锅中，中火翻炒到剩余的水分慢慢蒸发，倒入所有的调味品，继续翻炒，直到水分彻底蒸发，豆渣呈松散蓬松的肉松状即可关火。
3. 素肉松冷却后装盘，配上西瓜、哈密瓜条以及薄饼卷食。

三、成品标准

形状酷似肉松，口感酥脆。

四、制作关键

耐心制作，等待水分慢慢烘干的过程很考验人。

五、创新亮点

下脚料综合利用，配水果卷食，清香酥脆。

六、营养价值与食用功效

豆腐渣为制豆腐时，滤去浆汁后所剩下的渣滓。豆腐渣是膳食纤维中最好的纤维素，被称为"大豆纤维"，具有防治便秘、降脂、降糖、减肥、抗癌的作用，此外，常食豆腐渣对防治中老年人骨质疏松症极为有利。中医认为，豆腐渣性味甘凉，具有清热解毒、消炎止血的作用。

七、温馨小贴士

豆腐渣营养分析：

1. **防治便秘**：豆腐渣中含有大量食物纤维，常吃豆腐渣能增加粪便体积，使粪便松软、促进肠蠕动，有利于排便，可防治便秘、肛裂、痔疮和肠癌。
2. **降脂作用**：豆腐渣中的食物纤维能吸附随食物摄入的胆固醇，从而阻止了胆固醇的吸收，有效地降低血中胆固醇的含量，对预防血黏度增高、高血压、动脉粥样硬化、冠心病、中风等的发生都非常有利。
3. **降糖作用**：豆腐渣除含食物纤维外，还含有粗蛋白质、不饱和脂肪酸，这些物质有利于延缓肠道对糖的吸收，降低餐后血糖的上升速度，对控制糖尿病患者的血糖十分有利。
4. **减肥作用**：豆腐渣具有高食物纤维、高蛋白、低脂肪、低热量的特点，肥胖者吃后不仅有饱腹感，而且其热量比其他食物低，所以有助于减肥。
5. **抗癌作用**：据测定，豆腐渣中含有较多的抗癌物质，经常食用能大大降低乳腺癌、胰腺癌及结肠癌的发病率。

Innovative
Cold Dish

杂粮果品冷菜篇

双味慈姑

香辣酥和慈姑相拌，都是较酥脆的食品，口味更加香浓。

一、原料

1. **主料**：大一点的慈姑 200 克、小一点的慈姑 200 克
2. **辅料**：香辣酥 40 克
3. **调料**：辣椒粉 2 克、椒盐 3 克、肉汁 500 克、生抽 10 克、白糖 4 克、鸡精 4 克

二、工艺流程

1. 将大慈姑洗净，刮去外表的粗皮及须，切成薄片，用清水冲洗去淀粉。
2. 用 4~5 成油温将大慈姑炸至金黄色，水分枯干时，捞出，用餐巾纸吸去油分。在慈姑上撒上花椒盐和少许辣椒粉，与香辣酥拌匀。
3. 小慈姑刮去表面的膜，在油锅中炸至表皮收缩。
4. 用肉汁调味，将小慈姑燸至入味。
5. 将两种味道的慈姑装盘。

三、成品标准

大慈姑色泽金黄，入口酥脆，有淡淡的香辣味；小慈姑软糯、香浓。

四、制作关键

慈姑切好后，一定要漂水，现做现炸，防止氧化、发黑。

五、创新亮点

香辣酥和慈姑相拌，都是较酥脆的食品，口味更加香浓。

六、营养价值与食用功效

慈姑有防癌抗癌、解毒消痈作用，常用来防治肿瘤。中医认为，慈姑主解百毒，能解毒、消肿、利尿，用来治疗各种无名肿毒、毒蛇咬伤。慈姑含有多种微量元素，具有一定的强心作用，同时慈姑所含的水分及其他有效成分，具有清肺散热、润肺止咳的作用。

七、温馨小贴士

此菜保管时，一定要用保鲜膜封住，防止潮湿、发软。

酒酿南瓜芋

南瓜有自然的甜味，加上酒酿的香甜味，融合在一起，别具一番风味。

一、原料

1. **主料**：圆形金南瓜 500 克、芋苗仔 500 克
2. **辅料**：酒酿 100 克
3. **调料**：冰糖 40 克

二、工艺流程

1. 将金南瓜洗净，去瓤，切成长约 4 厘米、宽约 2 厘米、厚度约为 1.5 厘米的块，在表面对角剞上十字花刀。
2. 南瓜放入平盘内，加上水，撒上白糖和少量酒酿，上笼蒸熟。
3. 将芋苗仔洗净，削去皮，加水和盐上笼蒸熟透。
4. 用冰糖和酒酿调好水，冷却后将蒸好的芋苗仔放入，慢慢浸润 4 小时。
5. 将南瓜和芋苗仔整齐地码放在深一点的碟中，浇上酒酿。

三、成品标准

南瓜色泽金黄，点缀着乳白色的酒酿，若隐若现，颇为美观，兼具淡淡的酒酿香味。

四、制作关键

1. 上笼蒸制时，不要将南瓜蒸烂掉，控制好时间。
2. 不要太甜，糖尽量少放点，因为南瓜本身就有甜味。

五、创新亮点

南瓜有自然的甜味，加上酒酿的香甜味，融合在一起，别具一番风味。

六、营养价值与食用功效

南瓜营养丰富，具有健脾养胃、护肝补肾、润肺益气之功效，能够保护胃黏膜，帮助消化，防治糖尿病，降低血糖，消除致癌物质，促进生长发育，防止结肠癌的发生。芋苗仔为碱性食品，有美容养颜、乌黑头发的作用。芋苗中还含有天然的多糖类植物胶体，能促进食欲，帮助消化，润肠通便，提高机体抗病能力。酒酿色白汁清，甜浓鲜香，有补气、生血、活络、通经、润肺之功效。

七、温馨小贴士

此菜一定要吃凉的，吃凉的香甜味才更浓郁。

麦仁火鸭

青麦仁口感略粗糙，加入烤鸭肉后改善口感，更加滑润。

一、原料

1. **主料**：青麦仁 100 克
2. **辅料**：烤鸭肉 100 克
3. **调料**：葱花 5 克、蚝油 5 克、精盐 3 克、鸡精 2 克、生抽 5 克、白糖 3 克

二、工艺流程

1. 青麦仁洗净，烤鸭肉切丁。
2. 将青麦仁放入沸水锅中焯水至熟。
3. 锅中放油，放入葱花、烤鸭肉炒香，放入青麦仁，加精盐、鸡精、生抽、白糖调味。冷却后装盘即可。

三、成品标准

黄绿相间，香醇可口。

四、制作关键

炒制时，应先煸炒烤鸭肉，出油出香。

五、创新亮点

青麦仁口感略粗糙，加入烤鸭肉后改善口感，更加滑润。

六、营养价值与食用功效

青麦仁是用已经长饱满但未熟的小麦粒速冻而成，味道清新爽口。青麦仁含有丰富的蛋白质、叶绿素、膳食纤维和 α、β 两种淀粉酶，具有帮助人体消化、降低血糖的功能，是一种高营养的纯绿色食品。

七、温馨小贴士

青麦仁是有讲究的。好的麦仁要颗粒饱满，但不能太熟，否则就没有浆汁，与生嚼米粒无异，但也不能太嫩，否则搓青麦仁时就会破。

酸辣芋仔

将泰国鸡酱的鲜辣味融入到土豆中。

一、原料

1. **主料**：小土豆仔 300 克
2. **辅料**：薄荷叶 4 克
3. **调料**：泰国鸡酱 30 克、白醋 15 克、鲜
   辣露 4 克、糖 10 克、盐 2 克

二、工艺流程

1. 将小土豆仔（已去皮）加盐蒸熟。
2. 将鸡酱、白醋、盐、糖、鲜辣露搅拌均匀，
   调制成卤汁。
3. 将土豆放入卤汁，浸泡入味。
4. 走菜时，点缀上薄荷叶。

三、成品标准

色泽红褐、油亮，淡淡的酸辣味，回甜。

四、制作关键

醋香味会挥发，保管时，要用保鲜膜覆盖。

五、创新亮点

将泰国鸡酱的鲜辣味融入到土豆中。

六、营养价值与食用功效

土豆中的维生素 C，不仅对脑细胞具有保健
作用，而且还能降低血中胆固醇，使血管具
有弹性，防止动脉硬化。土豆同时又是一种
碱性蔬菜，有利于体内酸碱平衡，中和体内
代谢后产生的酸性物质，从而有一定的美容、
抗衰老作用。土豆所含的钾能取代体内的钠，
同时能将钠排出体外，对高血压和肾炎水肿
患者有利。

七、温馨小贴士

如果没有小土豆，可以自己动手，把大土豆
修成小土豆蛋。

时尚创意冷菜

麻香山药

将铁棍山药用棍棒形式展现出来，形式独特，口味也别致。

一、原料

1. **主料**：铁棍山药 1 000 克
2. **辅料**：黑白芝麻各 30 克
3. **调料**：蜂蜜 50 克

二、工艺流程

1. 将铁棍山药洗净，从中间一剖为二。
2. 将铁棍山药加冰糖水，上笼蒸熟，滤干水分。
3. 将黑白芝麻分别炒熟。
4. 将铁棍山药改刀成 10 厘米的段，粘上蜂蜜，两头分别黏上黑白芝麻，插入深口器皿中。

三、成品标准

黑白分明，入口酥脆、甜润香浓。

四、制作关键

铁棍山药蒸熟后，要将表面的水分滤干或用餐巾纸吸干，便于黏上蜂蜜。

五、创新亮点

将铁棍山药用棍棒形式展现出来，形式独特，口味也别致。

六、营养价值与食用功效

铁棍山药中含皂苷、黏液质、胆碱、山药碱、淀粉、糖蛋白，还有硒、铁、铜、锌、锰、钙等多种微量元素。铁棍山药是重要滋补佳品，有健脾补肺、固肾益精、益脑养颜、抗衰老、抗肿瘤、抗疲劳、增强免疫机能、调节心肺功能、调节神经系统的功效。

七、温馨小贴士

山药蒸制时间不可太长，熟了即可，否则口感易面，无脆感。

豆瓣一口酥

此菜采用豆瓣炸酥制作方法，保持菜品的酥香脆。

一、原料

1. **主料**：蚕豆瓣 150 克
2. **辅料**：小葱 10 克
3. **调料**：紫金辣椒酱 20 克，美极鲜酱油 10 克，盐 2 克，味精 3 克，冰糖 1 克，红油 5 克，姜、蒜少许

二、工艺流程

1. 将蚕豆瓣用清水洗干净，沥干水分。炒锅上火倒入色拉油烧至 160 度，放入蚕豆瓣炸至豆瓣起酥，沥干油。
2. 炒锅上火倒入底油放葱、姜、蒜末，炒香后加入紫金辣椒酱、美极鲜酱油、盐、味精、冰糖及红油调成味汁，浇在蚕豆瓣上即可。

三、成品标准

蚕豆瓣酥香脆、味汁鲜辣、色泽翠绿。

四、制作关键

炸蚕豆瓣酥时控制油温是香脆关键。

五、创新亮点

此菜采用豆瓣炸酥制作方法，保持菜品的酥香脆。

六、营养价值与食用功效

蚕豆含蛋白质、碳水化合物和钙、铁、磷、钾等多种矿物质，尤其是磷和钾含量较高。蚕豆有治疗脾胃不健、水肿等病症的功效。

七、温馨小贴士

蚕豆不能生吃，一定要煮熟后食用。另外，有遗传性血红细胞缺陷症者，患有痔疮出血、慢性结肠炎、尿毒症等病人，不宜进食蚕豆。

香芒大虾

水果原料加入冷菜制作中，风味更加独特。

一、原料

1. **主料**：基围虾 500 克
2. **辅料**：沙拉酱 100 克、芒果一个、梨 50 克、香瓜 50 克
3. **调料**：姜片 10 克、葱 10 克、料酒 5 克、盐 5 克

二、工艺流程

1. 将基围虾去壳，去虾线，洗净。芒果、梨、香瓜，全部去皮切丁。
2. 锅内加水、姜片、葱，料酒、盐，煮开后再稍煮一会。倒入虾仁煮开，变色后关火。虾仁沥干水分，放凉备用。
3. 把所有食材加入适量沙拉酱拌匀后装盘。

三、成品标准

虾与水果搭配，菜式新颖、味道独特。

四、制作关键

水果做到现切现用，基围虾要去虾线。

五、创新亮点

水果原料加入冷菜制作中，风味更加独特。

六、营养价值与食用功效

基围虾营养丰富，且其肉质松软，易消化，对身体虚弱以及病后需要调养的人是极好的食物。基围虾中含有丰富的镁，镁对心脏活动具有重要的调节作用，能很好地保护心血管系统，有利于预防高血压及心肌梗死。基围虾的通乳作用较强，并且富含磷、钙，对小儿、孕妇尤有补益功效。

七、温馨小贴士

沙拉酱，起源于位于地中海的米诺卡岛，使用大量鸡蛋和油制作而成。沙拉酱是一种高热量、高脂肪、高胆固醇的食物。据统计，沙拉酱所含热量约为同等重量的大米或白面的两倍，其中的脂肪酸和胆固醇的含量也高于一般食品。所以，在用沙拉酱调味时一定要控制好摄入量，一次不要在菜肴里加入太多的沙拉酱，或总量吃得过多。应尽量选择用橄榄油制作的沙拉酱。橄榄油中含有大量的有益脂肪酸，能起到降低血脂、清除血胆固醇的作用，在很大程度上化解了沙拉酱的副作用，并且还可以让您享受到橄榄特有的清香。

架盏白玉米

食材新颖，水果清凉。

杂粮果品冷菜篇

一、原料

1. **主料**：香梨 3 个
2. **辅料**：白玉米 10 克、鲜紫苏叶 6 张
3. **调料**：蓝莓汁 10 克、蜂蜜 5 克、盐 1 克、
   柠檬汁 2 克

二、工艺流程

1. 香梨洗净对半切开，去核。
2. 白玉米泡发后蒸熟凉透，放入梨盏中。
3. 调料兑成汁，淋在白玉米上，装盘即可。

三、成品标准

酸甜开胃，造型美观。

四、制作关键

做好后，可在冰箱中略冻，口感更佳。可配刀叉分食。

五、创新亮点

食材新颖，水果清凉。

六、营养价值与食用功效

香梨所含的配糖体及鞣酸等成分，能祛痰止咳，对咽喉有养护作用。香梨中含有丰富的B 族维生素，能保护心脏，增强心肌活力，降低血压。香梨有较多糖类物质和多种维生素，易被人体吸收，增进食欲，对肝脏具有保护作用。同时，香梨性凉并能清热镇静，常食能使血压恢复正常，改善头晕目眩等症状。

七、温馨小贴士

蓝莓被联合国粮农组织列为人类五大健康食品之一，被誉为"21 世纪功能性保健浆果"。蓝莓汁含有丰富的花青素，具有清除氧自由基、保护视力、延缓脑神经衰老、提高记忆力的作用。由于蓝莓对保护和增强视力的独到效果，蓝莓又被称为"飞行员的早餐"，是英、美空军指定的飞行员早餐食品。

蜜汁百合金橘

杂 粮 果 品 冷 菜 篇

一、原料

1. **主料**：金橘 200 克
2. **辅料**：鲜百合 50 克
3. **调料**：白糖 50 克

二、工艺流程

1. 金橘洗净，中间掏口。百合洗净，塞入金橘中。
2. 取砂煲调制糖水烧开，将金橘放入砂煲中，小火煮 1 分钟，冷却装盘即可。

三、成品标准

甘甜爽口，色泽怡人。

四、制作关键

不能用铁锅烹制此菜肴。

五、创新亮点

金橘与百合巧搭配。

六、营养价值与食用功效

金橘是钙和钾含量较高的水果，维生素 C 和 A 含量也较高，热量在水果中属于中等水平，减肥时可适量食用。此外金橘中还有丰富的胡萝卜素、锌和铁等微量元素，营养价值较高。金橘对维护心血管功能，防止血管硬化、高血压等疾病有一定的作用。百合具有养心安神、润肺止咳的功效。

七、温馨小贴士

1. 金橘对防止血管破裂，减少毛细血管脆性和通透性，减缓血管硬化有良好的作用。
2. 金橘对血压能产生双向调节，高血压、血管硬化及冠心病患者食之非常有益。
3. 金橘能行气解郁、消食化痰，有生津利咽醒酒的作用。
4. 常食金橘可增强机体的抗寒能力，防治感冒。

蜂窝朵娘

此菜粗料细做，突出营养保健，造型形象逼真。

一、原料

1. **主料**：黑豆腐 200 克、玉米糁 50 克、燕麦仁 50 克、红腰豆 50 克
2. **调料**：精盐 20 克、酱油 20 克、白糖 15 克

二、工艺流程

1. 将玉米糁及燕麦仁洗净蒸熟后与黑豆腐及红腰豆拌匀，放入锅中炒拌调味。
2. 将炒好的杂粮料压进模具中装盘，淋伏特加酒上桌点燃即可。

三、成品标准

造型独特，营养保健，口味咸鲜。

四、制作关键

1. 必须将各种杂粮分别加工处理。
2. 白酒应在上桌时加入并当客人面点燃，营造气氛。

五、创新亮点

此菜粗料细做，突出营养保健，造型形象逼真。

六、营养价值与食用功效

黑豆被称作"肾之谷"，含有丰富的蛋白质、维生素、矿物质，有补肾益阴的功效。黑豆中所含的不饱和脂肪酸，可促进胆固醇的代谢，降低血脂，预防心血管疾病，且黑豆的纤维质含量高，可促进肠胃蠕动，所以是不错的减肥佳品。另外，黑豆皮含有花青素，是很好的抗氧化剂，能清除体内自由基，养颜美容，也是润泽肌肤、乌须黑发之佳品。豆腐含有丰富的植物雌激素，对防治骨质疏松症有良好的作用，还有抑制乳腺癌、前列腺癌及血癌的功能。

七、温馨小贴士

豆腐营养丰富，含有铁、钙、磷、镁等人体必需的多种微量元素和丰富的优质蛋白，素有"植物肉"之美称。豆腐的消化吸收率达 95% 以上。两小块豆腐，即可满足一个人一天钙的需要量。豆腐为补益清热养生食品，常食之，可补中益气、清热润燥、生津止渴、清洁肠胃。现代医学证实，豆腐除有增加营养、帮助消化、增进食欲的功能外，对齿、骨骼的生长发育也颇为有益，还可增加血液中铁的含量；豆腐不含胆固醇，为高血压、高血脂、高胆固醇症及动脉硬化、冠心病患者的药膳佳肴，也是儿童、病弱者及老年人补充营养的食疗佳品。

阿娇红枣

将红枣的枣香味融入莲子中，风味独特。

一、原料

1. **主料**：红枣 250 克
2. **辅料**：糯米粉 40 克、南瓜蓉 40 克、鸡
   头果 75 克、莲子 50 克
3. **调料**：冰糖 30 克、白糖 30 克

二、工艺流程

1. 将红枣从中一破为二(不断裂),将核取出。
2. 莲子和鸡头果泡软，上笼蒸软糯。
3. 将糯米粉用水和匀成团状，拌上鸡头果，
   酿入红枣内。
4. 南瓜蓉和匀成团状，拌上莲子，酿入红
   枣中。
5. 用 4 成热油温，将两种红枣焐熟即可摆盘。

三、成品标准

入口酥烂、绵甜，枣香味浓郁。

四、制作关键

蒸制时，动作要轻，防止莲子不成形。

五、创新亮点

将红枣的枣香味融入莲子中，风味独特。

六、营养价值与食用功效

莲子芯含有多种生物碱，味道极苦，有清热
泻火之功能，还有显著的强心作用，能扩张
外周血管，降低血压，有养心安神的功效。
红枣能补虚益气、养血安神，可抑制癌细胞，
预防骨质疏松。

七、温馨小贴士

鸡头果不易酥烂，要提前一天浸泡。

三色杂粮

用三种杂粮做菜，形式各异。

杂粮果品冷菜篇

一、原料

1. **主料**：土豆 200 克、紫薯 200 克、青豆 200 克
2. **辅料**：薄荷叶 15 克
3. **调料**：蜂蜜 100 克

二、工艺流程

1. 将土豆洗净，蒸熟，去皮；紫薯洗净，蒸熟，去皮；青豆淖水。
2. 将以上三种食材分别用搅碎机打成泥，同时，分别用细网筛过滤两次。
3. 将以上三种原料分别加入蜂蜜，和匀。用冰激凌的挖子挖成球形，依次摆放于长条形的盘中，用薄荷叶点缀。

三、成品标准

色泽青色、紫色、白色错落有致，口感香甜。

四、制作关键

要用细网筛过滤，否则口感不细腻。

五、创新亮点

用三种杂粮做菜，形式各异。

六、营养价值与食用功效

土豆中的维生素 C，不仅对脑细胞具有保健作用，而且还能降低血中胆固醇，使血管具有弹性，防止动脉硬化。紫薯除了具有普通红薯的营养成分外，还富含花青素。另外，紫薯中铁和硒含量丰富，而硒和铁是人体抗疲劳、抗衰老、补血的必要元素，特别是硒被称为"抗癌大王"。青豆中含有氨基酸、维生素 A、维生素 C、生物碱，有补肝养胃、乌发明目、延年益寿等功效。

七、温馨小贴士

可用裱花嘴挤出各种花式，使形态更丰富。

奶香木瓜布丁

此菜由生奶、木瓜为基础做成布丁，层次分明，菜品美味，色彩鲜艳，口味爽口醇厚。

一、原料

1. **主料**：牛奶 100 克、木瓜 100 克
2. **调料**：凝胶片 25 克、糖 25 克、水 125 克

二、工艺流程

1. 锅中加牛奶烧开加 10 片凝胶片，放在盒子里，让它静凉。
2. 木瓜去皮蒸熟按压成泥，加 10 克水，加 10 片凝胶片，打匀，浇在牛奶上，待冷却好了后再用同一种方法，将牛奶液浇在上面即可成布丁。

三、成品标准

1. 菜品透明。
2. 三种颜色层次分布均匀，黏合一起，不易脱落。

四、制作关键

1. 每次冷却的温度要把握好，应控制在 0℃左右。
2. 熬制时，凝胶片要熬化。

五、创新亮点

此菜由生奶、木瓜为基础做成布丁，层次分明，菜品美味，色彩鲜艳，口味爽口醇厚。

六、营养价值与食用功效

牛奶是人体钙的最佳来源，而且钙磷比例非常适当，利于钙的吸收。牛奶具有补肺养胃、生津润肠之功效，对人体具有镇静安神作用。木瓜营养丰富，有"百益之果""水果之皇""万寿瓜"之雅称，多吃可延年益寿。

七、温馨小贴士

木瓜可蒸、炖、煮，营养丰富，和雪蛤一起蒸，效果更好。

Innovative
Cold Dish

捞汁冷菜篇

咖喱海鲜捞伊面

在传统咖喱汁调制基础上，加入香茅、椰浆等原料，使汁水更香浓。

一、原料

1. **主料**：伊面 100 克
2. **辅料**：三文鱼 25 克、海螺肉 25 克、北极贝 25 克
3. **调料**：咖喱汁水（咖喱粉 30 克、姜黄粉 18 克、植脂淡奶 1 瓶、浓椰浆 1 瓶、味精 30 克、盐 15 克、白糖 18 克、鲜香茅草段 10 克、圆葱 20 克、青红甜椒粒各 10 克、西红柿 200克、橄榄油 150 克）

二、工艺流程

1. 将伊面入沸水锅中煮熟，用橄榄油拌匀。
2. 海螺肉、北极贝焯水捞起待用。
3. 将制作咖喱汁水的调料称好，锅中下入橄榄油煸炒香茅、圆葱、甜椒、西红柿，炒香后下余下调料烧开后小火慢煮，出味后盛出即可。
4. 煮好的伊面装盘，盘边配上焯好水的海鲜，淋上熬好的汁水即可。

三、成品标准

形状美观，咖喱味浓郁。

四、制作关键

1. 伊面不能煮得太过，煮好的伊面要用油拌均匀，不然会黏在一起。
2. 咖喱汁水不能熬得太稀，不然无法挂在伊面上，吃起来口感不是很好。

五、创新亮点

在传统咖喱汁调制基础上，加入香茅、椰浆等原料，使汁水更香浓。

六、营养价值与食用功效

伊面的主要成分是小麦面粉、棕榈油、调味酱和脱水蔬菜叶等，可以补充人体所必需的营养。此菜中三文鱼、海螺肉和北极贝等海鲜营养丰富，含有丰富的不饱和脂肪酸，可提高脑细胞的活性和提升高密度脂蛋白胆醇，从而防治心血管疾病。

七、温馨小贴士

伊面原称伊府面，为中国著名面食之一，面中上品，是一种鸡蛋面。伊面制作讲究色型好，体质松而不散，浮而不实，吃起来爽滑甘美。伊面与现代的方便面有相似之处，所以又被喻为方便面的鼻祖。

捞汁麻酱凤尾白菜

把凤尾花刀使用在白菜上，形状美观，提升了菜肴附加值。

一、原料

1. **主料**：大白菜 500 克
2. **辅料**：葱、姜、蒜各 5 克
3. **调料**：芝麻酱 35 克、白糖 100 克、白醋 15 克、精盐 5 克、冷开水 25 克、日本味淋 30 克

二、工艺流程

1. 将大白菜洗净瓣成片打成凤尾花刀，放入冰水中泡至自然打卷。
2. 把葱、姜、蒜、芝麻酱、白糖、白醋、精盐、冷开水、日本味淋，放入搅拌机搅拌均匀，即成麻酱汁。
3. 泡好的凤尾白菜捞起装盘点缀麻酱汁用味碟跟上。

三、成品标准

鲜嫩脆爽，形状美观，麻香味浓郁。

四、制作关键

1. 所选白菜质量要好，防止发苦。
2. 白菜打花刀要处理干净，打好花刀一定要用冰水泡至自然打卷。
3. 麻酱汁水要突出麻香味。

五、创新亮点

把凤尾花刀使用在白菜上，形状美观，提升了菜肴附加值。

六、营养价值与食用功效

大白菜含维生素丰富，常吃大白菜可以起到抗氧化、抗衰老作用。其膳食纤维也很丰富，常吃能起到润肠通便、促进排毒的作用，对预防肠癌有良好作用。大白菜含水量丰富，高达 95%。冬天天气干燥，多吃白菜，可以起到很好的滋阴润燥、护肤养颜的作用。

七、温馨小贴士

此款汁水还适用于制作捞汁麻酱莴笋丝、麻酱油麦菜等。

捞汁椒麻黑牛百叶

椒麻汁调法新颖，味浓而不冲。

一、原料

1. **主料**：黑牛百叶 400 克
2. **辅料**：黄彩椒圈 10 克、红彩椒圈 10 克、薄荷叶 2 片、莴笋 50 克
3. **调料**：椒麻捞汁（自制红油 100 克、蚝油 40 克、味精 20 克、鸡精 20 克、姜末 20 克、生抽 50 克、白糖 35 克、老抽 10 克、麻油 50 克、杭椒 14 克、高汤 200 克、花椒油 100 克）

二、工艺流程

1. 黑牛百叶洗净切成丝，莴笋去皮切丝。
2. 将黑牛百叶丝入沸水锅中焯烫 20 秒用冷水冲凉。
3. 莴笋丝入盛器垫底，放上处理好的牛百叶，用薄荷叶、红黄椒圈点缀，把椒麻捞汁的调料按比例称好，放在一起搅拌均匀，即成椒麻汁水，浇到牛百叶上即可。

三、成品标准

麻味醇香，表面亮净。

四、制作关键

1. 牛百叶不要煮得太久，不然百叶太老，嚼不动。
2. 要突出椒麻汁的麻味。

五、创新亮点

椒麻汁调法新颖，味浓而不冲。

六、营养价值与食用功效

花椒可除各种肉类的腥气，促进唾液分泌，增加食欲，使血管扩张，从而起到降低血压的作用。黑牛百叶富含蛋白质，能维持钾钠平衡，消除水肿，提高免疫力，缓解贫血，有利于生长发育。除此之外，黑牛百叶还具有健脑健脾，消食益气，强筋通络的作用。

七、温馨小贴士

此款捞汁还可以用于椒麻兔丁、椒麻五毒、捞猪耳等。

捞汁鸡丝

借鉴怪味汁汁调法，但调料选择上更讲究，味道独特。

一、原料

1. **主料**：三黄鸡 1 只（约 750 克）
2. **辅料**：葱 10 克、姜 10 克、金针菇 30 克、胡萝卜 30 克、黄瓜 30 克
3. **调料**：麻酱汁水（芝麻酱 200 克、熟芝麻 100 克、白糖 30 克、味精 20 克、蒜泥 15 克、麻油 100 克、寿司醋 50 克、本味淋 100 克）

二、工艺流程

1. 三黄鸡宰杀洗净。
2. 把椒麻汁的调料按比例称好，放在一起搅拌均匀，即成椒麻汁水。
3. 将洗净的三黄鸡放入沸水锅中小火焖至断生后取出，放入冰开水中激凉。
4. 激凉的三黄鸡捞出用手撕成丝状。
5. 金针菇改刀后入沸水烫熟，胡萝卜、黄瓜洗净切成细丝。把黄瓜、胡萝卜、金针菇整齐地摆在盛器周围，撕好的鸡肉放在中间即可，点缀上桌。

三、成品标准

色泽艳丽，鸡肉醇香，表面亮净。

四、制作关键

1. 鸡肉不要煮得太老，否则吃起来口感不好。
2. 要突出椒麻汁的麻味。

五、创新亮点

借鉴怪味汁调法，但调料选择上更讲究，味道独特。

六、营养价值与食用功效

芝麻酱中的钙含量比较高。鸡肉与猪肉、牛肉比较，富含丰富的维生素和较多的不饱和脂肪酸，是磷、铁、铜和锌的良好来源。食用三黄鸡可以增强体力，提高人体免疫力，补肾精，增强机体消化能力。

七、温馨小贴士

此款捞汁还可以用于麻酱油麦菜、麻酱莴笋丝等。

捞汁酸辣北极贝

北极贝的软嫩与莴苣的爽脆完美融合。

一、原料

1. **主料**：北极贝 350 克
2. **辅料**：莴笋 50 克
3. **调料**：酸辣汁水(纯净水 150 克、酱油 60 克、陈醋 50 克、味精 10 克、自制红油 50 克、白糖 20 克)

二、工艺流程

1. 北极贝化冻后切细丝，入沸水锅中焯烫 5 秒捞起冲凉。
2. 将酸辣汁水的调味料按比例调好。
3. 莴笋去皮切丝，将笋丝放入盛器垫底，上面放上北极贝，浇上汁水即可上桌。

三、成品标准

色泽鲜艳，口感脆爽，形状美观。

四、制作关键

北极贝不宜焯烫过久，不然口感不好。

五、创新亮点

北极贝的软嫩与莴苣的爽脆完美融合。

六、营养价值与食用功效

北极贝含有丰富的蛋白质、维生素 A、钙、铁、锌、磷等，具有滋阴平阳、健脾胃、补肝肾等效用，对人体能起到良好的保健功效。莴笋可治疗高血压、慢性肾炎、产后乳汁不通等症。食用莴笋可以提高人体血糖代谢功能，防治贫血，助消化，促食欲，降血压。

七、温馨小贴士

此款汁水还适用于酸辣海带、酸辣牛百叶、净北极贝、八爪鱼等菜肴的制作。

捞汁蒜香虾仁豆腐

一、原料

1. **主料**：内酯豆腐 1 盒
2. **辅料**：葱 5 克、皮蛋 15 克、虾仁 15 克、去皮花生仁 10 克、土豆松 10 克
3. **调料**：蒜香汁水（盐 15 克、味精 10 克、白糖 25 克、鸡精 10 克、白胡椒粉 3 克、蒜油 100 克、高汤 100 克、青红椒粒各 10 克、自制红油 50 克）

二、工艺流程

1. 豆腐取出切成荷花形状放入盘中。
2. 基围虾加葱、姜、料酒煮熟，捞起去壳，皮蛋切丁。
3. 把蒜香汁水的调料全部按比例加入一小碗中搅拌均匀。
4. 虾仁、花生仁、葱花、皮蛋丁、土豆松放入切好豆腐的四边，浇上蒜香汁即可。

三、成品标准

色泽洁白，形状美观。

四、制作关键

1. 切豆腐时要轻，豆腐要新鲜。
2. 蒜香汁水要突出蒜香的味道。

五、创新亮点

多种食材合理组合，使滋味多变，口感多样。

六、营养价值与食用功效

豆腐高营养、低脂肪、低热量，其丰富的蛋白质有利于增强体质和增加饱腹感，适合素食者和单纯性肥胖者食用；还可降低人体血液中铅的浓度；豆腐中含有大量的雌性激素，也可帮助女性克服更年期症状。虾是蛋白质含量很高的食品之一，其蛋白质含量是鱼、蛋、奶的几倍甚至几十倍，虾含有丰富的钾、碘、镁、磷等微量元素和维生素 A 等成分，是老少皆宜的营养佳品。

七、温馨小贴士

此款汁水还可以制作捞汁白肉卷、捞汁素百叶等。

捞汁香辣虾仁烩针菇

香辣汁加入酱料，赋予汁水更香浓的口感。

捞 汁 冷 菜 篇

一、原料

1. **主料**：金针菇 150 克、虾仁 150 克
2. **辅料**：水发木耳 15 克、红彩椒 20 克、黄彩椒 20 克
3. **调料**：香辣捞汁（自制红油 100 克、熟芝麻 50 克、花生酱 50 克、芝麻酱 50 克、鸡精 15 克、味精 15 克、生抽 70 克、陈醋 55 克、白糖 20 克、冷开水 160 克、本味淋 100 克 ）

二、工艺流程

1. 金针菇洗净，放入沸水中焯烫，捞出沥干。
2. 木耳、红彩椒、黄彩椒切成细丝，放入沸水中焯烫，捞出沥干。
3. 基围虾入锅中加葱、姜、料酒煮熟，捞起去壳。
4. 把香辣汁水的调料全部按比例称好，放入盛器搅拌均匀。
5. 金针菇、彩椒丝、木耳丝拌均匀放入盛器，再放上虾仁、浇上捞汁即可上桌。

三、成品标准

鲜嫩脆爽，色彩斑斓。

四、制作关键

1. 主料辅料色彩的调配。
2. 要把握好香辣汁水的香和辣的比例。

五、创新亮点

香辣汁加入酱料，赋予汁水更香浓的口感。

六、营养价值与食用功效

金针菇含有人体必需氨基酸成分，其中赖氨酸和精氨酸含量尤其丰富，对增强智力尤其是对儿童的身高和智力发育有良好的作用，人称"增智菇"；金针菇还含有一种叫朴菇素的物质，能增强机体对癌细胞的抵御能力；常食金针菇还能降胆固醇，预防肝脏疾病和肠胃道溃疡，增强机体正气，防病健身。金针菇能有效地增强机体的生物活性，促进体内新陈代谢，有利于食物中各种营养素的吸收和利用。

七、温馨小贴士

此款捞汁还可以制作香辣捞汁牛百叶、香辣捞汁鸡块等。

捞汁鲁香八爪鱼

八爪鱼采用卤制做法，使鱼肉更加干香。

一、原料

1. **主料**：净八爪鱼 500 克
2. **调料**：鱼香汁水（姜末 30 克、葱白 30 克、郫县豆瓣酱 20 克、蒜泥 20 克、白糖 20 克、镇江陈醋 30 克、酱油 50 克、味精 30 克、鸡精 20 克、自制红油 100 克、麻油 50 克、水 50 克）

二、工艺流程

1. 将八爪鱼洗净，放入沸水锅焯水捞起，沥干待用。
2. 将冷后的八爪鱼切成条块，整齐地排入盘中。
3. 把鱼香汁水调料按比例称好，锅上火加点色拉油下入葱姜蒜末煸炒出香味，再下入郫县豆酱，在炒出香味后，加入所有调料烧开后倒入盛器，冷却后用细网筛过滤好浇在码好的八爪鱼上即可上桌。

三、成品标准

质地嫩爽，色泽酱红，香辣可口，浓郁宜人。

四、制作关键

1. 八爪鱼的杂质、黏膜去净；制作卤汁时火力不要大。
2. 八爪鱼解冻后，用姜、葱、酒煮过，可去其腥味。

五、创新亮点

八爪鱼采用浇卤做法，使鱼肉更加干香。

六、营养价值与食用功效

八爪鱼含有丰富的蛋白质、矿物质等营养元素，并富含抗疲劳、抗衰老，能延长人类寿命的重要保健因子——天然牛磺酸，具有补血益气、治痈疽肿毒的作用，亦适用于高血压、动脉硬化、脑血栓等病症。

七、温馨小贴士

1. 八爪鱼嘴和眼里均有沙子，吃时须挤出。
2. 八爪鱼凉性大，所以吃时要加姜。
3. 八爪鱼与啤酒相克，同食可能引发痛风症。

南乳生腌虾

生腌汁在保证食品安全的同时，借鉴日式刺身的特点，制作新颖。

一、原料

1. **主料**：河虾 250 克
2. **辅料**：葱 15 克、姜 20 克、蒜 25 克
3. **调料**：南乳生腌汁（生抽 150 克、南乳汁 70 克、味精 40 克、鸡精 40 克、白糖 80 克、芥末膏 15 克、胡椒粉 9 克、蒸鱼豉油 100 克、麻油 50 克）

二、工艺流程

1. 河虾放入盛器用白酒和白醋洗干净。
2. 将南乳生腌汁的调料按比例调制好，倒入洗干净的河虾里即可上桌。

三、成品标准

口味纯正，河虾新鲜。

四、制作关键

1. 制作这道菜一定要用鲜活的河虾。
2. 制作动作要快，上桌时要看到河虾还在蹦跳。这道菜还有个别名叫"飞飞跳"。
3. 加点白醋清洗河虾一是起到消毒作用，二是可以软化河虾的外壳。

五、创新亮点

生腌汁在保证食品安全的同时，借鉴日式刺身的特点，制作新颖。

六、营养价值与食用功效

河虾营养丰富，且其肉质松软，易消化，对身体虚弱以及病后需要调养的人是极好的食物。河虾的通乳作用较强，并且富含磷、钙，对小儿、孕妇尤有补益功效。河虾中还含有丰富的镁，镁对心脏活动具有重要的调节作用，能很好地保护心血管系统，有利于预防高血压及心肌梗死。

七、温馨小贴士

"生吃蟹子活吃虾"。蟹子和虾生吃是最鲜美的一种吃法，但要注意杀菌消毒，如在调料选择上选用高度白酒、辣椒或蒜子、芥末等。

时蔬大拌菜

多种蔬菜组合搭配，酱汁中西合璧。

一、原料

1. **主料**：玻璃生菜 50 克、紫甘蓝 50 克、苦菊、甜椒、紫生菜、黄瓜、圆葱、圣女果、冰草各 25 克
2. **调料**：色拉汁（沙拉酱 350 克、酱油 50 克、炼乳 250 克、酱油膏 1 瓶、黄豆酱油 20 克、花生酱 30 克、芝麻酱 25 克、蚝油 35 克、橄榄油 1 瓶）

二、工艺流程

1. 将主料洗净，改刀成片或段，放入冰水中浸泡。
2. 把所有色拉汁水用的调料按比例称好，用搅拌机打均匀。
3. 浸泡好的蔬菜捞起点缀装盘，带上色拉汁水即可。

三、成品标准

鲜嫩脆爽，形状美观。

四、制作关键

1. 蔬菜洗干净后，要用冰水浸泡。
2. 调制色拉汁的比例要掌握好。

五、创新亮点

多种蔬菜组合搭配，酱汁中西合璧。

六、营养价值与食用功效

此菜能提供丰富的维生素 C、维生素 B2 和胡萝卜素等；另外，含钙和铁量也比较多，能提高食欲。此菜可以帮助补充身体所需的热量和维生素，有助于美容养颜，深受女士欢迎。

七、温馨小贴士

此款色拉汁也可以适用于制作水果色拉。

Innovative
Cold Dish

意境冷菜篇

吉祥三宝

组合冷菜，三种食材，选择性强。

意　境　冷　菜　篇

一、原料

1. **主料**：红枣 50 克、芸豆 50 克、小山芋 100 克
2. **调料**：冰糖 100 克

二、工艺流程

1. 红枣、芸豆泡软，小山芋洗净修整齐。
2. 冰糖加水化开，分别煮制三种原料，晾凉装盘即可。

三、成品标准

色泽亮丽，口味绵甜，形状美观。

四、制作关键

注意火候，摆放整齐。

五、创新亮点

组合冷菜，三种食材，选择性强。

六、营养价值与食用功效

红枣被誉为"百果之王"，含有丰富的维生素 A、B 族维生素、维生素 C 等人体必需的多种维生素，具有补脾、养血、安神作用。芸豆是一种难得的高钾、高镁、低钠食品，很适合于心脏病、动脉硬化、高血脂和忌盐患者食用。小山芋含胡萝卜素较丰富，含食物纤维较多，有通便、降低血脂的作用。

七、温馨小贴士

芸豆的形状多种多样，有肾形、椭圆形、扁平形、筒形和球形等；颜色也有多种，如白、黑、黑紫、绿色和杂色带斑纹等；颗粒大小差异也很大，小者如黄豆般，而大白芸豆的籽粒长约 21 毫米，厚约 9.5 毫米，比黄豆大几倍，可称豆中之冠了。白芸豆是西餐中常用的名贵食用豆，颗粒肥大、整齐、有光泽，用作配菜可谓锦上添花，在国内外享有盛名。

时尚创意冷菜

参意兰膳

菜名寓意吉祥，色彩搭配鲜艳，荤素营养互补，风味独具特色。

一、用料

1. **主料**：水发辽参 200 克、芥蓝梗 100 克
2. **调料**：蒸鱼豉油 50 克，蚝油 25 克，芥末膏 10 克，白糖 25 克，香油 2 克，胡椒粉 2 克，生姜、葱、蒜子各 25 克

二、工艺流程

1. 将水发海参用剪刀剖开去沙洗净。
2. 用生姜、葱、蒜子焯水除去海参灰味。
3. 将芥蓝梗去筋皮，洗净，用开水焯水至熟，冷却待用。
4. 将芥蓝梗酿入海参内备用。
5. 改刀切段装盘。
6. 用豉油、蚝油、芥末膏、白糖、香油、胡椒粉调制调味汁，用调味碗盛装，将调好的调味汁与菜肴一同上桌，由客人食用时蘸调味汁食用。

三、成品标准

芥蓝爽脆，海参软糯，荤素组合，营养丰富。

四、制作关键

1. 要选用软糯且有韧性的水发海参。
2. 海参初步熟处理时应先用清水焯水去除灰味，再用葱、生姜、蒜子、料酒调卤爆制。

五、创新亮点

菜名寓意吉祥，色彩搭配鲜艳，荤素营养互补，风味独具特色。

六、营养价值与食用功效

海参号称"精氨酸大富翁"，含有 8 种人体自身不能合成的必需氨基酸，其中精氨酸、赖氨酸含量最为丰富。海参所含的微量元素钒居各种食物之首，可以参与血液中铁的运输，增强造血能力。海参还含有特殊的活性营养物质。因此，海参具有促进发育、增强免疫力、美容养颜、抑制血栓的形成、抑制癌细胞生长、降三高、防治男性前列腺疾病、增加造血功能、加速伤口愈合等功效。

七、温馨小贴士

1. 肝、肾功能差者应少食。
2. 不宜与含鞣酸水果同食，如柿子、葡萄、石榴、山楂。

肝胆相照

意 境 冷 菜 篇

一、原料

1. **主料**：鹅肝 400 克、青豆 300 克
2. **辅料**：鱼胶粉 50 克、鸡汤 600 克
3. **调料**：盐 5 克、味精 3 克

二、工艺流程

1. 将青豆加鸡汤打成蓉，过滤。
2. 鹅肝加鸡汤打成蓉，过滤。
3. 鱼胶粉用热水化开，先将一半加入到青豆蓉中，垫入盘底，待其稍稍定型后，再将另一半化开的鱼胶粉加到鹅肝蓉中，轻轻倒在青豆蓉上，冷却即可。

三、成品标准

色泽分明，口感柔和细腻。

四、制作关键

鱼胶粉的用量要把握好，不可太细，也不可太硬，太细和太硬都会影响口感。

五、创新亮点

菜品立体化，叠加手法。

六、营养价值与食用功效

鹅肝含碳水化合物、蛋白质、脂肪、胆固醇和铁、锌、铜、钾、磷、钠等矿物质，有补血养目之功效。青豆富含不饱和脂肪酸和大豆磷脂，有保持血管弹性、健脑和防止脂肪肝形成的作用。青豆富含皂角苷、蛋白酶抑制剂、异黄酮、钼、硒等抗癌成分，几乎对所有的癌症都有抑制作用。青豆还含有两种类胡萝卜素，具有解毒作用，能够降低患有心脏病以及癌症的风险。

七、温馨小贴士

鹅肝为鸭科动物的肝脏，因其丰富的营养和特殊功效，使得鹅肝成为补血养生的理想食品。鹅肝的出名还因为法国著名的料理鹅肝。欧洲人将鹅肝与鱼子酱、松露并列"世界三大珍馐"。

钢管舞鸭舌（蒋）

形象逼真，美观。

意境冷菜篇

一、原料

1. **主料**：鸭舌 20 只
2. **辅料**：黄瓜一根，细钢条两根
3. **调料**：老抽 50 克，白糖 50 克，茴香 3 克，桂皮 3 克，黄酒 5 克，葱、姜各 5 克

二、工艺流程

1. 将鸭舌焯水，刮去老皮，洗净。
2. 放入锅中，加入适量清水，放入老抽、白糖、茴香、桂皮、葱、姜，烧煮 20 分钟，收浓汤汁。
3. 冷却后装盘即成。

三、成品标准

造型美观，酱香浓郁，甜咸嫩脆。

四、制作关键

1. 鸭舌在下锅酱制之前一定要洗干净。
2. 待酱至 8 成熟时要离火，不然待酱汁凉后鸭舌就过火了。

六、营养价值与食用功效

鸭舌含有的磷脂类，对神经系统和身体发育有重要作用，对老年人延缓智力衰退有一定的保健作用。

五、创新亮点

形象逼真，美观。

七、温馨小贴士

鸭舌是凉性的，适合体内有热、上火的人食用。对于胃部冷痛、腹泻、慢性肠炎者不宜食用。

江南水乡

改变了统口味的咸鲜味，合味。

一、原料

1. **主料**：河虾 300 克
2. **辅料**：日本苔菜 15 克、小葱花 4 克
3. **调料**：淮盐 3 克、鸡精 2 克

二、工艺流程

1. 用剪刀剪去小河虾的头尾和须，洗净。
2. 日本苔菜搓成粉粒状。
3. 将小河虾用 6~7 成热油温炸至外表酥香。
4. 锅内用小葱花爆香，下河虾，撒上苔菜粉粒，加淮盐、鸡粉，翻炒拌匀即可。

三、成品标准

外酥香，里鲜嫩，淡淡的苔香味。

四、制作关键

炸河虾时，下油锅的一瞬间，温度一定要高，防止将河虾水分炸干。

五、创新亮点

改变了传统口味的咸鲜味，变为复合味。

六、营养价值与食用功效

河虾营养丰富，且其肉质松软，易消化，对身体虚弱以及病后需要调养的人是极好的食物。河虾的通乳作用较强，并且富含磷、钙，对小儿、孕妇尤有补益功效。虾中含有丰富的镁，有利于预防高血压及心肌梗死。苔菜是高蛋白、高膳食纤维、低脂肪、低能量，且富含矿物质和维生素的天然理想营养食品的原料。

七、温馨小贴士

苔菜粉粒均匀地裹在虾身上，若隐若现。

黑白双脆

此菜在蒜泥白肉的基础上加入卤肉，使色泽口感都有双重感觉。

意 境 冷 菜 篇

一、原料

1. **主料**：坐臀猪肉（猪肉）600 克
2. **辅料**：苦菊 50 克
3. **调料**：葱 10 克、姜 5 克、大蒜 50 克、老抽 50 克、红油 15 克、精盐 2 克、冷汤 50 克、红糖 10 克、味精 1 克、花椒 2 克、甘草一片、红卤料包（葱姜各 5 克、八角桂皮各 3 克、丁香 5 颗）

二、工艺流程

1. 将肉洗净，烧开半锅水，放入葱段、姜片、甘草片、花椒和一半坐臀肉，加盖以中火炖煮 20 分钟，熄火让坐臀肉焖 30 分钟。捞起放入冷开水中浸泡至冷却，然后将肉切成 0.5 厘米厚的片。
2. 取水锅加入红卤料包烧开，加入老抽、糖等调料小火焖 2 小时调制成红卤水，将另一半坐臀肉焯水断生后放入卤水中卤至入味，取出冷却后也切成 0.5 厘米厚的片。
3. 将黑白肉片和苦菊卷起用葱丝扎紧装盘。
4. 大蒜捶蓉，加盐、冷汤调成稀糊状，成蒜泥。
5. 红卤水汁加红糖在小火上熬制成浓稠状，加味精即成复制酱油。
6. 将蒜泥、复制酱油、红油兑成味汁装盘即成。

三、成品标准

此菜要求选料精，火候适宜，刀工好，佐料香，成菜香辣鲜美，蒜味浓厚，爽脆嫩滑。

四、制作关键

煮肉的火候要把握好，且对刀工要求较高。

五、创新亮点

此菜在蒜泥白肉的基础上加入卤肉，使色泽口感都有双重感觉。

六、营养价值与食用功效

猪肉含有丰富的优质蛋白质和必需的脂肪酸，并提供血红素（有机铁）和促进铁吸收的半胱氨酸，能改善缺铁性贫血，具有补肾养血、滋阴润燥的功效。苦菊中含膳食纤维较高，钙、磷等微量元素较全，可以消暑保健、清热解毒、杀菌消炎、防治癌症。

七、温馨小贴士

坐臀肉肉质柔韧肥美，色泽洁白，味甚鲜美。用五花肉制作亦可。但由于猪肉中胆固醇含量偏高，故肥胖人群及血脂较高者不宜多食。

百花盛开

手法新颖，造型美观。

意境冷菜篇

一、原料

1. **主料**：小青菜 10 棵
2. **辅料**：虾仁 100 克、马蹄 20 克、肥膘 10 克、鱼子酱 10 克
3. **调料**：盐 5 克、鸡精 3 克、美极鲜 10 克、糖 4 克、麻油 2 克、胡椒粉 2 克

二、工艺流程

1. 菜心洗净去菜叶备用。
2. 虾仁、马蹄、肥膘剁成茸，加盐、蛋清、生粉打上劲，均匀酿进菜梗中间。
3. 菜心上笼蒸熟，晾凉后摆盘，撒上鱼子酱，调料混合成调味汁，跟碟上即可。

三、成品标准

色彩艳丽，清淡爽口。

四、制作关键

控制好蒸菜心的火候和时间。

五、创新亮点

手法新颖，造型美观。

六、营养价值与食用功效

青菜是含维生素和矿物质最丰富的蔬菜之一。其含有大量粗纤维，能保持血管弹性，减少动脉粥样硬化的形成。青菜中还含有大量胡萝卜素和维生素 C，可促进皮肤细胞代谢，防止皮肤粗糙及色素沉着，使皮肤亮洁，延缓衰老。虾营养丰富，且其肉质松软，易消化，对身体虚弱以及病后需要调养的人是极好的食物。

七、温馨小贴士

虾忌与某些水果同吃。
虾含有比较丰富的蛋白质和钙等营养物质。如果把它们与含有鞣酸的水果，如葡萄、石榴、山楂、柿子等同食，不仅会降低蛋白质的营养价值，而且鞣酸和钙离子结合形成不溶性结合物刺激肠胃，容易引起人体不适，出现呕吐、头晕、恶心和腹痛腹泻等症状。海鲜与这些水果同吃至少应间隔 2 小时。

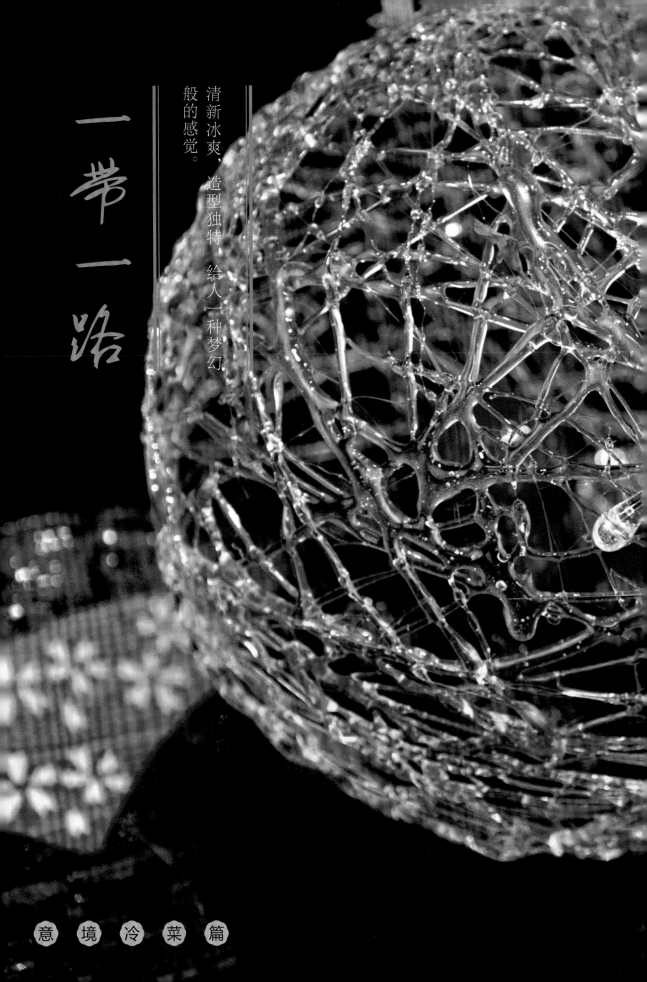

一带一路

清新冰爽，造型独特，给人一种梦幻般的感觉。

意 境 冷 菜 篇

一、原料

1. **主料**：雪梨 100 克、雪莲果 100 克、紫山药 100 克、熟冬枣 100 克
2. **辅料**：金奖白兰地酒（或威士忌）50 克、清水 500 克、法国拉丝糖 150 克
3. **调料**：冰糖 150 克

二、工艺流程

1. 将雪梨、雪莲果和紫山药挖成球形。
2. 清水加冰糖烧开后，放入紫山药、雪梨、雪莲果烫熟，冬枣上笼蒸 30 分钟，冷却后以上食材分别加入白兰地酒浸泡 10 小时，取出装入垫有冰块的盘中。
3. 用法国拉丝糖拔丝做成球状，罩在酒浸过的果球上即可。

三、成品标准

入口绵甜细腻，有淡淡的酒香味。

四、制作关键

1. 雪梨、雪莲果、紫山药、冬枣用白兰地浸泡时最好分开泡制。
2. 拉丝糖拔丝时要掌握好温度。

五、创新亮点

清新冰爽，造型独特，给人一种梦幻般的感觉。

六、营养价值与食用功效

雪梨中含有苹果酸，柠檬酸，维生素 B1、B2、C，胡萝卜素等营养成分，具有生津润燥、清热化痰、润肺止咳、降火解毒之功效，尤为适用于上呼吸道感染、患有支气管炎以及高血压、肝炎病人食用，再搭配上具有较多药理功效的紫山药，还可起到增强抵抗力、降低血糖、抗衰老等作用，故而可以作为辅助治疗疾病的滋补菜肴。

七、温馨小贴士

拉丝糖拔丝制球一般借据于气球、汤匙等工具制作，动作要轻，注意糖液的温度。

Innovative
Cold Dish

各客冷菜篇

冷冻带子豆児

将海鲜做冻，用此种方法表现出来，更显层次和韵味。

各客冷菜篇

一、原料

1. **主料**：冰鲜带子 10 颗
2. **辅料**：青豆 200 克、紫生菜 100 克、杨花萝卜 150 克
3. **调料**：盐 5 克、鸡精 3 克

二、工艺流程

1. 将青豆打成泥，用滤筛过滤，取蓉，将青豆泥炒香。
2. 带子用葱姜水、白酒、盐浸泡去腥味，用低温慢煮法煮熟。
3. 将青豆泥用裱花嘴制成造型，再把带子放在旁边，将紫生菜洗净，杨花萝卜用盐水腌制，摆放在边上点缀即可。

三、成品标准

青红相间，带子味鲜美，青豆泥柔和、细腻。

四、制作关键

带子的腥味一定要清除干净。

五、创新亮点

将海鲜做冷菜，用此种方法表现出来，更显层次和韵味。

六、营养价值与食用功效

此菜的营养非常丰富，冰鲜带子高蛋白、低脂肪、易消化，是晚餐的最佳食品。青豆富含不饱和脂肪酸和大豆磷脂，有保持血管弹性、健脑和防止脂肪肝形成的作用。青豆中还含有两种类胡萝卜素，具有解毒作用，能够降低患有心脏病以及癌症的风险。

七、温馨小贴士

青豆泥一定要炒干水分。

芡实竹燕窝

一个个圆形杯状的餐具，让人联想到真的燕窝的感觉，纯净自然。

一、原料

1. **主料**：竹燕窝 200 克
2. **辅料**：鲜芡实 100 克
3. **调料**：杏仁汁 40 克、炼乳 8 克、鲜奶 15 克、酒酿 8 克、矿泉水 20 克

二、工艺流程

1. 竹燕窝飞水后，拧干水分待用。
2. 芡实焯水后，摆入盘中，再下竹燕窝，配汁上。

三、成品标准

鲜芡实口感绵甜，竹燕窝口感松软。

四、制作关键

1. 竹燕窝有砂子，需洗净。
2. 芡实要发透。

五、创新亮点

一个个圆形杯状的餐具，让人联想到真的燕窝的感觉，纯净自然。

六、营养价值与食用功效

竹燕窝营养较为丰富，呈墨黑色，具有利脑、滑肠、清肺、养颜之功效，常食可助消化、益胃肠。芡实具有补中益气、健脾胃、止泻等作用。两者混合食用效果更佳，是脾胃虚弱者、消化不良者的食补佳品。

七、温馨小贴士

竹燕窝有时会有杂质，一定要洗干净。

将水果和蔬菜同时作为原料，既有蔬菜的清香，又有水果的芳香

一、原料

1. **主料**：芒果 1 个、紫生菜 50 克、苦菊 50 克、玻璃生菜 50 克
2. **辅料**：洋花萝卜 20 克、小番茄 20 克
3. **调料**：花生酱 10 克、生抽 3 克、鸡精 2 克、橄榄油 8 克、蚝油 2 克、胡椒粉 1 克、白糖 3 克

二、工艺流程

1. 将以上各种调料兑成汁。
2. 将芒果去皮，取肉，切成厚片。
3. 将洋花萝卜、小番茄切成片，把以上各种蔬菜洗净后，拌在一起，用汁液拌匀，分别摆放于小玻璃碗中，上面摆上芒果片。

三、成品标准

鲜嫩翠绿中透着红，口感清新、饱满。

四、制作关键

原料的选择一定要新鲜。

五、创新亮点

将水果和蔬菜同时作为原料，既有蔬菜的清香，又有水果的芳香。

六、营养价值与食用功效

芒果具有清肠胃、抗癌、美化肌肤、防治便秘、杀菌等功效。蔬菜中含有大量水分，而且富含多种维生素及胡萝卜素等，是减肥人士的理想选择。

七、温馨小贴士

芒果一定要选择熟一点的，其芳香味和甜味更足些。

时尚创意冷菜

海草鮑魚仔

小鮑魚用这种方法处理，受热均匀，不会收缩。

一、原料

1. **主料**：活鲍鱼一只
2. **辅料**：海带丝 30 克、昆布 35 克
3. **调料**：苹果醋 15 克、美极鲜 10 克、白酱油 5 克、鲜露 5 克、纯净水 30 克、小米辣椒 1 个、木鱼花 10 克

二、工艺流程

1. 小鲍鱼仔连壳洗净，上笼蒸 25 分钟，取出肉，扒去内脏，再洗净，用高汤㸆制入味，待用。
2. 昆布洗净，吊成汤，加入木鱼花，过滤，加苹果醋、白酱油、鲜露调成汁，将小鲍鱼仔浸泡 20 分钟。
3. 将海带丝烫熟，放入盘底，摆上鲍鱼。

三、成品标准

加入了日本的昆布来提汤味，汤汁鲜美无比，能感受到大海的味道。

四、制作关键

鲍鱼熟处理很关键，也可用低温慢煮法煮制。

五、创新亮点

小鲍鱼用这种方法处理，受热均匀，不会收缩。

六、营养价值与食用功效

鲍鱼历来被称为“海味珍品之冠”，其营养丰富，具有滋阴补阳、养肝明目等功效，与海带丝搭配同食，可起到辅助治疗气虚哮喘、血压不稳、精神难以集中等症。

七、温馨小贴士

应注意痛风患者及尿酸高者以及感冒发热和阴虚喉痛之人不宜食用鲍肉。昆布属海带一种，味鲜，常作吊汤原料使用。

春月满园

选用形似明月的平盘，造型上新颖独特。

各客冷菜篇

一、原料

1. **主料**：盐水鸭脯 75 克、酱牛肉 75 克、咸蛋黄鹅肝 75 克
2. **辅料**：黄瓜一根、萝卜卷 2 条、蒜茸西兰花 50 克
3. **调料**：香油适量

二、工艺流程

1. 将咸蛋黄鹅肝切片，西兰花修成朵形，黄瓜切蓑衣黄瓜拼摆成假山，牛肉切片拼摆成冬笋形。
2. 将盐水鸭脯、萝卜卷修成菱形形状拼摆成菊花状，然后用黄瓜皮雕刻枝叶点缀。
3. 最后刷上香油即成。

三、成品标准

荤素搭配，营养丰富，色泽油亮，造型美观。

四、制作关键

1. 所有食材都是可以食用的。
2. 西兰花断生保持色绿。

五、创新亮点

选用形似明月的平盘，造型上新颖独特。

六、营养价值与食用功效

鹅肝含碳水化合物、蛋白质、脂肪、胆固醇和铁、锌、铜、钾、磷、钠等矿物质，有补血养目之功效。牛肉含有丰富的蛋白质、氨基酸，能提高机体抗病能力。鸭脯肉具有补虚劳，滋五脏之阴，补血行水，养胃生津，清热健脾等功效。

七、温馨小贴士

花色拼盘的拼摆不同于一般冷盘。一般冷盘只是一些简单的几何形式或简单的象形，不代表任何寓意，人们不会在此基础上展开联想。而花色拼盘更注意的是立意，也就是厨师的创作意图。人们会在花色拼盘所突出的主题内容及由形象隐喻出的象征意义上展开丰富的联想，从而诱发人们的饮食审美情趣，渲染出宴会的气氛，所以如何构思，构思得当与否，能否抓住主题，是花色拼盘设计中一项非常重要的内容。

时尚创意冷菜

一枝独秀

此菜在造型上新颖独到，盐水鸭脯摆成的花朵夺人眼球，香菇卤味醇香。

一、原料

1. **主料**：盐水鸭脯 75 克、干切牛肉 50 克、盐水沙虾 5 只、鸡糕 50 克
2. **辅料**：黄瓜 1 根、圣女果 1 个、卤香菇 3 个、蒜茸苦瓜 30 克、蒜茸西兰花 10 克
3. **调料**：花椒油适量

二、工艺流程

1. 将盐水鸭脯修成花瓣状，然后切片摆放成花，圣女果切顶，做花心。
2. 将干切牛肉、去壳盐水沙虾、鸡糕、卤香菇、蒜茸苦瓜、蒜茸西兰花改刀拼摆成假山状，黄瓜修花枝并切出一棵小草点缀。
3. 最后刷上花椒油。

三、成品标准

色泽油亮，形状美观，卤味醇香，表面亮净，荤素搭配均匀。

四、制作关键

1. 所有食材都要可以食用的。
2. 西兰花断生即可。

五、创新亮点

此菜在造型上新颖独到，盐水鸭脯摆成的花朵夺人眼球，香菇卤味醇香。

六、营养价值与食用功效

鸭脯肉富含各种维生素，具有补虚滋阴、清热补血功效。苦瓜有祛火清热、清心明目之功效，对糖尿病、高血压等症有效果。此菜荤素搭配均匀，是一道健康美食。

七、温馨小贴士

此菜可以蘸酱吃。

一帆风顺

此菜荤素搭配合理，富有寓意。

一、原料

1. **主料**：盐水基围虾 50 克、卤牛肉 50 克、皮蛋肠 30 克、鸡糕 30 克
2. **辅料**：拌西芹 35 克、胡萝卜 10 克、小番茄 1 个、蒜茸西兰花 20 克
3. **调料**：香油适量

二、工艺流程

1. 将盐水基围虾去壳，卤牛肉、鸡糕切片，西芹斜刀切片。
2. 将以上原料拼摆成岸堤、风帆、海鸥、太阳等形状。
3. 刷上香油。

三、成品标准

色泽红润，鲜嫩脆爽，形状美观，卤味醇香，表面清爽。

四、制作关键

西芹不能烫过，否则刀面切不出来。

五、创新亮点

此菜荤素搭配合理，富有寓意。

六、营养价值与食用功效

虾营养丰富，是蛋白质含量很高的食品之一。虾中含有丰富的钾、碘、镁、钙等微量元素，且肉质松软、易消化，对体质虚弱者、小儿、孕妇均有补益功效。牛肉含有丰富的蛋白质、氨基酸，其组成比猪肉更接近人体需要，能提高机体抗病能力，促进生长发育，对手术后、病后调养的人补充失血和修复组织有功效。

七、温馨小贴士

厨师通过花色拼盘所要表达出来的思想即是主题，主题是构思的核心。

闲趣

造型新颖，构思巧妙，既可观赏又可食用。

一、原料

1. **主料**：水晶肴肉 75 克、红肠 30 克
2. **辅料**：西兰花 15 克、皮蛋肠 20 克、煮熟胡萝卜 15 克、黄瓜 10 克、泡白萝卜 15 克、心里美萝卜 10 克、莴笋 10 克
3. **调料**：盐、味精、白醋、酱油适量

二、工艺流程

1. 将水晶肴肉改刀成长方块，拼摆成砖墙一角的样子，红肠、心里美萝卜切片调味拼摆成假山状，白萝卜卷成花瓣，胡萝卜做花心。将胡萝卜、莴笋切丝调味备用。
2. 酱油泡制的白萝卜经刀工处理后拼摆成草帽状，胡萝卜柱、胡萝卜丝、莴笋丝拼摆成火炬造型。
3. 用味碟盛装酱油跟菜肴一同上桌。

三、成品标准

主题鲜明，荤素搭配，颜色鲜艳，观赏与食用有机结合。

四、制作关键

1. 刀工要求高，色彩搭配要合理。
2. 注重卫生安全。

五、创新亮点

造型新颖，构思巧妙，既可观赏又可食用。

六、营养价值与功效

制作肴肉的主要原料是猪蹄髈，因此肴肉含有丰富的胶原蛋白，能延缓机体衰老，具有滑肌肤、去寒热、抗老防癌之功效。萝卜含有能诱导人体自身产生干扰素的多种微量元素，可增强机体免疫力，并能抑制癌细胞的生长，对防癌、抗癌有重要意义。萝卜中的芥子油和膳食纤维可促进胃肠蠕动，有助于体内废物的排出。

秋韵

各客冷菜篇

一、原料

1. **主料**：酱牛肉 75 克、盐水基围虾 50 克
2. **辅料**：白萝卜 20 克、心里美萝卜 15 克、
   小黄瓜 15 克、胡萝卜 15 克
3. **调料**：精盐、香油适量

二、工艺流程

1. 将酱牛肉切片，盐水基围虾去壳，白萝卜、
   心里美萝卜改刀切片用盐水泡制后拼摆
   成假山状。
2. 胡萝卜经刀工处理后卷成花形，用黄瓜
   点缀。

三、成品标准

色泽红润，鲜嫩脆爽，形状美观，表面亮净。

四、制作关键

1. 刀工精湛。
2. 造型独特。

五、创新亮点

营养搭配合理，色彩鲜艳，口味醇厚。

六、营养价值与食用功效

此菜不仅色彩搭配丰富，而且荤素搭配合理，
可以提供人体所需的各种营养成分。牛肉、
基围虾富含优质蛋白质，各式蔬菜富含维生
素、矿物质及活性成分，是一道老少咸宜的
菜品。

七、温馨小贴士

可根据用餐者的身份、用餐目的，去恰当、
准确地构思拼盘的花色。

冷花香

通过刀工，更能体现技术精湛。

一、原料

1. **主料**：牛肉 50 克、鸡糕 50 克、火腿肠 50 克
2. **辅料**：西兰花 15 克、蒜茸西芹 20 克、黄瓜 15 克、胡萝卜 20 克
3. **调料**：盐、味精适量

二、工艺流程

1. 将卤水牛肉、鸡糕、火腿肠、胡萝卜切片拼摆成假山状。
2. 将西芹经刀工处理后拼摆花形，用胡萝卜、黄瓜、西兰花点缀。
3. 将成品刷上香油即可。

三、成品标准

1. 颜色搭配合理，鲜爽脆嫩。
2. 表面清爽亮净。

四、制作关键

1. 刀工要好，切片要求一致。
2. 考验颜色搭配。

五、创新亮点

通过刀工，更能体现技术精湛。

六、营养价值与功效

此道菜不仅造型独具匠心，而且运用营养丰富的原料，荤素搭配合理。其中牛肉富含铁质，具有较好补血、活血作用，搭配抗癌、防癌的西兰花，降压降脂的西芹和美容减肥的黄瓜，是一道老少咸宜的美食艺术品。

七、温馨小贴士

卤水牛肉应选用牛腱子肉，其部位是牛的四蹄上段的部位，外形呈长圆锥形状。

向晚亭

此菜经过刀面处理更能体现刀工以及象形。

一、原料

1. **主料**：盐水虾仁 50 克、卤水牛肉 50 克、
   鸡糕 50 克
2. **辅料**：黄瓜 15 克、心里美萝卜 20 克、
   胡萝卜 15 克、西式火腿 15 克
3. **调料**：精盐、味精、葱油适量

二、工艺流程

1. 将卤水牛肉、鸡糕、心里美萝卜切片，
   与盐水虾仁一起拼摆成山峦状。
2. 将西式火腿切片刻成亭形，胡萝卜经刀
   工处理后拼摆花形，用黄瓜、西兰花点缀。
3. 将成品刷上香油即可。

三、成品标准

色泽红润，鲜嫩脆爽，形状美观。

四、制作关键

切片一定要薄一点。

五、创新亮点

此菜经过刀面处理更能体现刀工以及象形。

六、营养价值与食用功效

此道拼盘采用 7 种营养丰富原料制成，其中
虾仁富含镁，对保护心血管大有益处，牛肉
具有补血、活血功效，再搭配减肥食品黄瓜、
抗病防癌的萝卜、明目养血的胡萝卜等，是
一道营养丰富的冷拼。

七、温馨小贴士

卤水牛肉刀工时应顶丝切片。

迎客松

布景独到，把中国的山水画运用到食品拼盘上，松树形象及远处的山表达恰当。

一、原料

1. **主料**：蒜香烤肠1根、鸡糕1块（50克）、干切牛肉1块、鸡蛋干1块（50克）、腊肠1段
2. **辅料**：黄瓜15克、西芹20克、胡萝卜15克、西兰花15克、白萝卜20克
3. **调料**：精盐、白糖、老抽适量

二、工艺流程

1. 将蒜香烤肠雕刻成树干与树枝，加老抽浸泡。
2. 黄瓜切蓑衣刀做松叶，并切出一棵小草。
3. 西兰花、西芹、胡萝卜焯水。鸡糕、鸡蛋干、干切牛肉、胡萝卜、腊肠、西芹切片并拼摆成假山状。
4. 胡萝卜做红日，黄瓜切薄片做远山，白萝卜片修成云彩，最后刷上色拉油。

三、成品标准

色泽油亮，形状美观，表面亮净，荤素搭配均匀，颜色搭配合理。

四、制作关键

1. 胡萝卜一定要煮透。
2. 西兰花、西芹断生即可。
3. 黄瓜要用盐腌制。

五、创新亮点

布景独到，把中国的山水画运用到食品拼盘上，松树形象及远处的山表达恰当。

六、营养价值与食用功效

各种营养素均匀搭配。黄瓜抗肿瘤，抗衰老，减肥强体。胡萝卜健脾消食，补肝明目。鸡蛋干除了含有丰富的优质蛋白，还含有丰富的维生素A、B2、B6、D、E以及人体所需的微营养素，如钾、钠、镁、磷、铁等，营养价值颇高。

七、温馨小贴士

此菜可以拌色拉酱吃。

丰收

各 客 冷 菜 篇

一、原料

1. **主料**：五香牛肉 75 克、皮蛋肠 75 克、盐水河虾 75 克
2. **辅料**：心里美萝卜 20 克、小黄瓜 15 克、胡萝卜 15 克、圣女果 10 克
3. **调料**：精盐、白糖、香油适量

二、工艺流程

1. 将五香牛肉、皮蛋肠、心里美萝卜切片拼摆成山峦状。
2. 将黄瓜、胡萝卜经刀工处理后拼摆成麦穗形，盐水虾去壳拼摆花形。
3. 将成品刷上香油即可。

三、成品标准

造型逼真，色泽鲜艳，味醇香浓，营养合理。

四、制作关键

1. 刀工精湛。
2. 造型独特。

五、创新亮点

创意新颖，刀工讲究。

六、营养价值与食用功效

此道拼盘不仅构思新巧，而且营养丰富，采用 7 种原料制成，其中牛肉补血、活血，河虾具有保护心血管作用，搭配抗病、防病的萝卜，美容减肥的黄瓜，明目养血的胡萝卜等，适宜于各种人群食用。

七、温馨小贴士

花色拼盘的构思同时还应考虑餐具的品种及原料品种属性。

春晖

拼摆简洁、逼真，色彩鲜艳，口味多样，营养丰富。

各 客 冷 菜 篇

一、原料

1. **主料**：盐水鸭 100 克、火腿 75 克、油爆虾 50 克
2. **辅料**：苦瓜 15 克、小黄瓜 15 克、蜜汁红枣 2 颗、西兰花 15 克
3. **调料**：精盐、白糖、葱油 适量

二、工艺流程

1. 将盐水鸭、火腿、红枣、西兰花拼摆成山峦形状。
2. 将油爆虾、苦瓜和黄瓜经刀工处理后拼摆成花形。
3. 将成品刷上香油即可。

三、成品标准

色泽鲜艳，形状美观，表面亮净。

四、制作关键

1. 刀工精湛。
2. 造型独特。

五、创新亮点

拼摆简洁、逼真，色彩鲜艳，口味多样，营养丰富。

六、营养价值与食用功效

此道拼盘采用 7 种营养丰富的原料制成，荤素搭配合理，其中鸭肉、虾都是高蛋白、低脂肪食品，配上开胃益脾、易于消化的火腿，清热解暑、消肿解毒的苦瓜，美容减肥的黄瓜，补血养颜的红枣，抗癌防癌的西兰花，是一道营养十分丰富的冷拼。

七、温馨小贴士

盐水鸭肉属于高蛋白、低脂肪的食品，所含氨基酸全面。